U0305956

国家高技能人才培训基地系列教材

编 委 会

主　编：叶军峰

编　委：郑红辉　黄丹凤　苏国辉

　　　　唐保良　李娉婷　梁宇滔

　　　　汤伟文　吴丽锋　蒋　婷

国家高技能人才培训基地系列教材

加工中心三轴及多轴加工

JIAGONG ZHONGXIN SANZHOU
JI DUOZHOU JIAGONG

主　编 ◎ 汤伟文

副主编 ◎ 冯一锋　梁桂全

参　编 ◎ 廖志财　任馨苏

暨南大学出版社
JINAN UNIVERSITY PRESS

中国·广州

图书在版编目（CIP）数据

加工中心三轴及多轴加工/汤伟文主编；冯一锋，梁桂全副主编. —广州：暨南大学出版社，2017.3（2023.1 重印）
（国家高技能人才培训基地系列教材）
ISBN 978 - 7 - 5668 - 1999 - 4

Ⅰ. ①加…　Ⅱ. ①汤…②冯…③梁…　Ⅲ. ①数控机床加工中心—高等职业教育—教材
Ⅳ. ①TG659

中国版本图书馆 CIP 数据核字（2016）第 281287 号

加工中心三轴及多轴加工
JIAGONG ZHONGXIN SANZHOU JI DUOZHOU JIAGONG
主编：汤伟文　副主编：冯一锋　梁桂全

出 版 人：张晋升
责任编辑：李倬吟　林冬丽
责任校对：刘雨婷
责任印制：周一丹　郑玉婷

出版发行：暨南大学出版社（511443）
电　　话：总编室（8620）37332601
　　　　　营销部（8620）37332680　37332681　37332682　37332683
传　　真：（8620）37332660（办公室）　37332684（营销部）
网　　址：http://www.jnupress.com
排　　版：广州尚文数码科技有限公司
印　　刷：广东虎彩云印刷有限公司
开　　本：787mm×1092mm　1/16
印　　张：14.25
字　　数：332 千
版　　次：2017 年 3 月第 1 版
印　　次：2023 年 1 月第 3 次
定　　价：38.00 元

总　序

　　国家高技能人才培训基地项目，是适应国家、省、市产业升级和结构调整的社会经济转型需要，抓住现代制造业、现代服务业升级和繁荣文化艺术的历史机遇，积极开展社会职业培训和技术服务的一项国家级重点培养技能型人才项目。2014 年，广州市轻工技师学院正式启动国家高技能人才培训基地建设项目，此项目以机电一体化、数控技术应用、旅游与酒店管理、美术设计与制作 4 个重点建设专业为载体，构建完善的高技能人才培训体系，形成规模化培训示范效应，提炼培训基地建设工作经验。

　　教材的编写是高技能人才培训体系建设及开展培训的重点建设内容，本系列教材共 14本，分别如下：

　　机电类：《电工电子技术》《可编程序控制系统设计师》《可编程序控制器及应用》《传感器、触摸屏与变频器应用》。

　　制造类：《加工中心三轴及多轴加工》《数控车床及车铣复合车削中心加工》《Solid-Works 2014 基础实例教程》《注射模具设计与制造》《机床维护与保养》。

　　商贸类：《初级调酒师》《插花技艺》《客房服务员（中级）》《餐厅服务员（高级）》。

　　艺术类：《广彩瓷工艺技法》。

　　本系列教材由广州市轻工技师学院一批专业水平高、社会培训经验丰富、课程研发能力强的骨干教师负责编写，并邀请企业、行业资深培训专家，院校专家进行专业评审。本系列教材的编写秉承学院"独具匠心"的校训精神、"崇匠务实，立心求真"的办学理念，依托校企合作平台，引入企业先进培训理念，组织骨干教师深入企业实地考察、访谈和调研，多次召开研讨会，对行业高技能人才培养模式、培养目标、职业能力和课程设置进行清晰定位，根据工作任务和工作过程设计学习情境，进行教材内容的编写，实现了培训内容与企业工作任务的对接，满足高技能人才培养、培训的需求。

　　本系列教材编写过程中，得到了企业、行业、院校专家的支持和指导，在此，表示衷心的感谢！教材中如有错漏之处，恳请读者指正，以便有机会修订时能进一步完善。

广州市轻工技师学院

国家高技能人才培训基地系列教材编委会

2016 年 10 月

前　言

　　数控机床是一种用电子计算机或专用电子计算装置控制的高效自动化机床，它综合应用了自动控制、计算技术、精密测量和机床结构等方面的最新成就。由于它的出现，机床自动化进入了一个新的阶段。

　　随着科学技术的发展，机械产品的形状和结构不断改进，对零件加工质量的要求越来越高。由于产品变化频繁，目前在一般机械加工中，单件、小批生产的产品占 70% ~ 80% 。为了保证产品的质量、提高生产率和降低成本，机床不仅应具有较好的通用性和灵活性，还要求加工过程能实现自动化。在汽车、拖拉机等大量生产的工业部门中，大都采用自动机床、组合机床和自动生产线。但这种设备的第一次投资费用大，生产准备时间长，这与改型频繁、精度要求高、零件形状复杂的舰船、宇航、深潜以及其他国防工业的要求不相适应。如果采用仿形机床，首先要制造靠模，不仅生产周期长，精度亦受到限制。数控机床就是在这种条件下发展起来的一种适用于精度高、零件形状复杂的单件、小批量生产的自动化机床。

　　自从美国帕森斯公司和麻省理工学院合作于 1952 年研制出三坐标数控铣床以来，随着电子元件的发展，数控装置经历过使用电子管、分立元件、集成电路的过程。特别是使用小型计算机和微处理机以来，数控机床的价格逐渐下降，可靠性日益提高。在工业发达的国家中，无论国防工业还是民用工业，数控机床的应用已相当普遍。它由开始阶段为解决单件、小批量的形状复杂的零件加工，发展到为减轻劳动强度、保证质量、降低成本等，在中批量甚至大批量生产中也得到应用。现在认为，即使是批量生产 500 ~ 5 000 件的不复杂的零件用数控机床也是经济的。随着我国经济的发展和科学技术的进步，数控机床在我国企业中的应用越来越广泛，特别在沿海经济发达地区的大部分企业里，数控机床已成为机械加工的主力军，正在为沿海地区经济的再次腾飞起着关键性的作用。

　　数控铣床、加工中心是功能较全的数控加工机床，它集铣削、镗削、钻削、螺纹加工等功能于一身，具有多种工艺手段。加工中心设有刀库，刀库中存放着各种不同数量的刀具或检具，在加工过程中由程序自动选用和更换。这是它与数控铣床、数控镗床的主要区别。加工中心是一种综合加工能力较强的设备，采用加工中心加工产品，可以省去工装和专机。这会为新产品的研制和改型换代节省大量的时间和费用，从而使企业具有较强的竞争能力。可以说，拥有加工中心是判断企业技术能力和工艺水平的一个标志。

数控机床是一种先进的加工设备，随着我国数控机床用户的不断增加、应用范围的不断扩大，普及与提高数控加工技术，培养现代高级技工人才，已成为我国职业教育中不可缺少的重要组成部分。

《加工中心三轴及多轴加工》是一本针对职业院校和培训机构的加工中心中高级工实训教学、考证辅导以及多轴加工教学的教材，分为三大模块，共 7 个任务，主要讲述目前国内较流行的日本 FANUC –0i-MD 数控系统的操作方法和编程指令、德马吉五轴加工中心 DMU 60 基本操作、PowerMILL 软件应用、3 +2 定向加工和五轴联动多轴加工，还介绍了加工中心中级工、高级工实操课题和理论考试的相关知识。

数控加工涉及的内容很广，也比较复杂。掌握数控机床编程与操作，不但要结合车、铣、钻、镗等普通加工工艺方面的知识，还要了解数控加工工艺的特点。在学习中，必须边学理论边训练，勤于思考，不断培养分析和解决问题的能力，才能收到比较满意的学习效果。

本书深入浅出，内容丰富，针对性强，对经济型及先进的数控机床都进行了介绍，是一本实用性强、适用面广的教材。

本书既可供职业技术学校数控机床加工专业以及相关专业的学生使用，也可用于中、高级数控技术人员的培训，或作为从事数控机床工作的工程技术人员的参考书。

本书由汤伟文、冯一锋、梁桂全、廖志财、任馨苏编写，主编汤伟文，副主编冯一锋、梁桂全。

本书的编写参考了有关资料及文献，在此向其作者表示衷心的感谢！

由于编者水平有限，编写的时间仓促，书中难免有疏漏和不足之处，恳请读者批评指正。

编　者

2016 年 10 月

目录

>> CONTENTS

加工中心基本操作及编程指令

任务 ① 加工中心机床基本操作

学习目标

（1）掌握 FANUC –0i-MD 操作面板常用按键的用途。

（2）掌握开机、关机和回参考点的操作。

（3）掌握手动连续、增量及手轮控制机床。

（4）掌握手动数据输入 MDI 方式控制机床。

（5）掌握对刀操作及刀具偏置（补偿）设定操作。

（6）掌握程序编辑、存储器自动运行、DNC 自动运行。

（7）掌握平口钳的找正。

（8）掌握铣刀的安装及拆卸。

学习内容

一、面板操作

（一）面板简介

机床控制面板如图 1 – 1 所示，主要由 MDI 操作面板、显示屏、机床操作面板三部分组成。

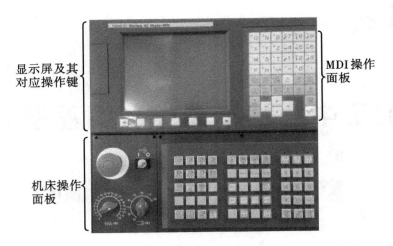

图 1 - 1　控制面板及各功能区划分

1．MDI 操作面板

MDI 操作面板各种按键的用途如表 1 - 1 所示。

表 1 - 1　MDI 操作面板介绍

所在功能区	按键符号	按键名称	按键用途
MDI 键盘	POS PROG OFFSET SETTING / SYSTEM MESSAGE CUSTOM GRAPH	功能键	6 个按键切换屏幕的 6 个主要功能界面： POS：坐标位置界面 PROG：程序编辑、传输及 MDI 指令输入界面 OFFSET SETTING：坐标系及长度补偿等与加工相关的参数设置 SYSTEM：机床参数，通常由厂家设置 MESSAGE：报警及机床信息显示界面 CUSTOM GRAPH：同步显示刀路轨迹
	RESET	复位键	RESET：按下此按键能恢复至机床初始状态、解除报警、取消正在运行的程序、主轴停转
	INPUT	输入键	INPUT：参数、程序输入后的确认按键
	↑ ↓ ← →	光标移动键	↑↓←→：控制光标在屏幕上、下、左、右 4 个方向的移动

（续上表）

所在功能区	按键符号	按键名称	按键用途
MDI 键盘 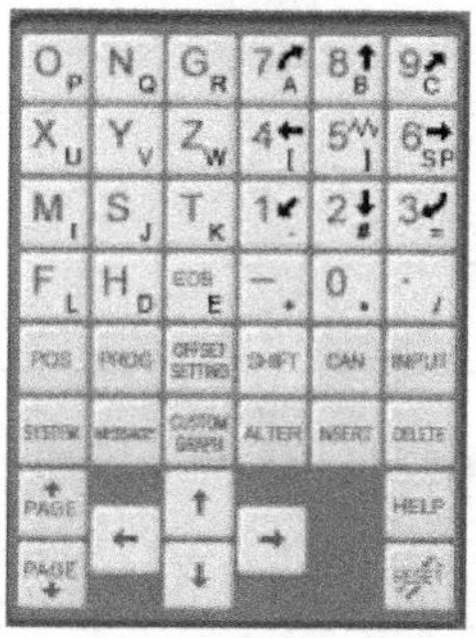	 CAN	取消键	CAN：取消缓冲区的数据。如输入参数时，输入数字在按 INPUT 输入前可以按下 CAN 取消
	 EOB E	程序分号	EOB：程序段的分隔符，屏幕上显示为分号
	 DELETE	删除键	DELETE：删除程序中的指令和字符
	 SHIFT	上挡键	SHIFT：当一个按键有两个字符时，先按上挡键后选择该按键就会选择第二个字符
	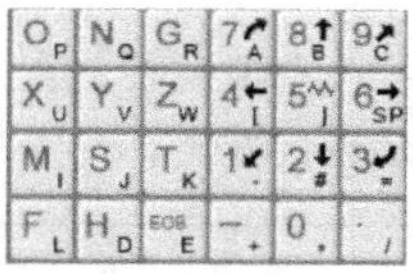 指令输入键盘	指令输入键盘	用于输入数字、指令代码

2. 机床操作面板

机床操作面板各种按键的用途如表 1-2 所示。

表 1-2　机床操作面板介绍

所在功能区	按键符号	按键名称	按键用途
手动操作区  	 REF	回参考点	在该操作方式下，分别选择三个轴的正方向进行返回机械参考点
	 JOG	手动移动方式	配合各轴移动键，进行各轴的手动移动
	 X Y Z 4 5 6 + RAPID −	各坐标轴移动键	在手动操作方式下选择相应坐标轴进行手动移动
	 RAPID	快速键	同时按下快速键及各轴移动键，机床将以 GO 快速移动的速度进行移动
	 HANDLE	手轮移动方式	配合手轮进行各轴的手动移动

（续上表）

所在功能区	按键符号	按键名称	按键用途
自动操作区 		MDI 录入方式	单个指令程序段的输入、运行。如 M3 S1000；（开主轴）
		DNC 连线加工方式	连接计算机进行边传输边加工，是最为常用的加工方式
		AUTO 自动加工方式	运行机床内存储器中的程序
		EDIT 程序编辑方式	对机床内存储器中的程序进行编辑、新建、删除等操作
		单段执行	程序单段运行，在 AUTO、MDI、DNC 等自动运行方式下都有效
		程序预演	按下此按键后，机床以高速空运行的速度移动。一般不建议使用
		辅助锁定	机床各轴移动锁定。按下此按键后各轴均停止动作，但程序仍继续运行。使用该按键后各轴需要重新回机械参考点
程序执行 		循环启动	启动自动运行或 MDI 的程序
		进给暂停	程序运行中，可暂停机床进给运动。按循环启动键后，程序继续运行
主轴转动 		主轴反转	手动方式下使主轴反转
		主轴停止	在手动方式下停止主轴
		主轴正转	手动方式下使主轴正转

（续上表）

所在功能区	按键符号	按键名称	按键用途
切削液 		程序开冷却液	程序中 M08/M09（冷却液开/关）指令起作用
		关冷却液	手动停止冷却液
		手动开冷却液	手动打开冷却液
其他重要功能键		快速进给调整旋钮	按百分比调整快速进给的速度
		进给速度调整旋钮	控制手动移动和加工进给的速度
		启动控制电源键	启动控制面板的电源
		关闭控制电源键	关闭控制面板的电源
		急停按钮	紧急情况的快速停止。往下按时，起作用。顺时针扭转，解除急停

3. 显示屏幕功能

显示屏幕功能各种按键的用途如表 1-3 所示。

表 1 - 3　显示屏幕功能介绍

屏幕内容	实现功能	操作步骤	显示屏幕
机床相对坐标	手动设置转速。显示对刀时辅助用的相对坐标	①按下功能键 MONT ②按屏幕软件"相对值"	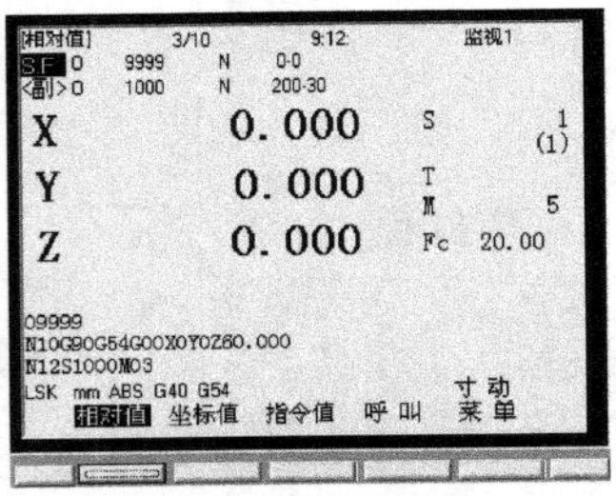
机床绝对坐标，显示加工的程序、转速、进给速度	加工控制界面，可以同时监控程序、转速、进给速度	①按下功能键 MONT ②按屏幕软件"绝对"	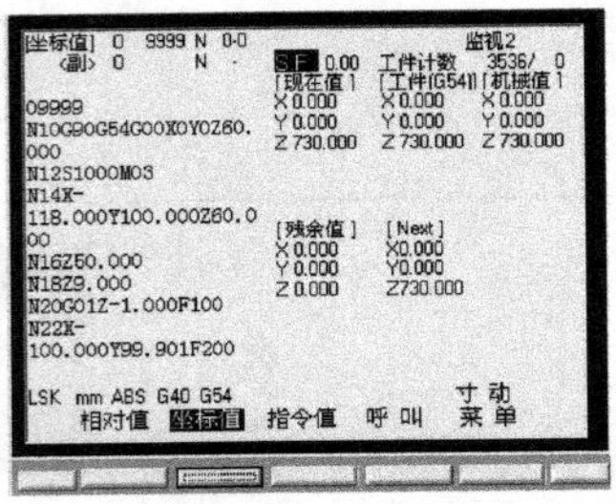
设置工件坐标界面	设置工件坐标，设置 G60 增量坐标	①按下功能键 TOOL PARAM ②按屏幕软件"菜单" ③按屏幕软件"工件"	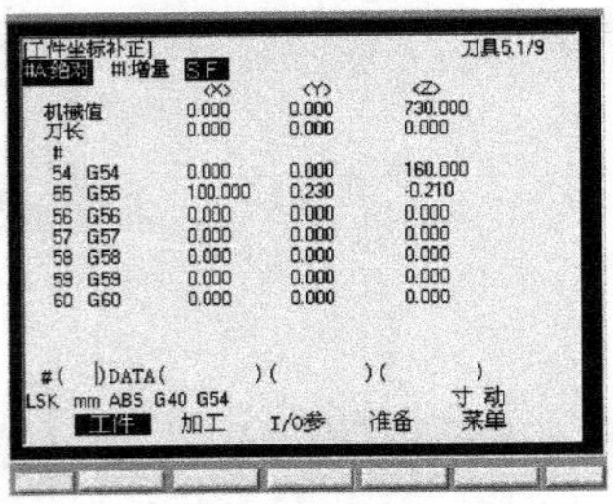
显示设置长度补偿界面	设置长度补偿	①按下功能键 TOOL PARAM ②按屏幕软件"菜单" ③按屏幕软件"补正"	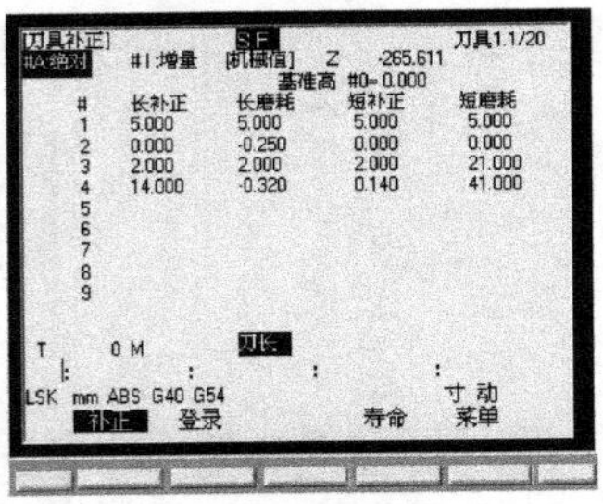
程序编辑界面	编辑程序	①按下功能键 EDIT MID ②按屏幕软件"程序"	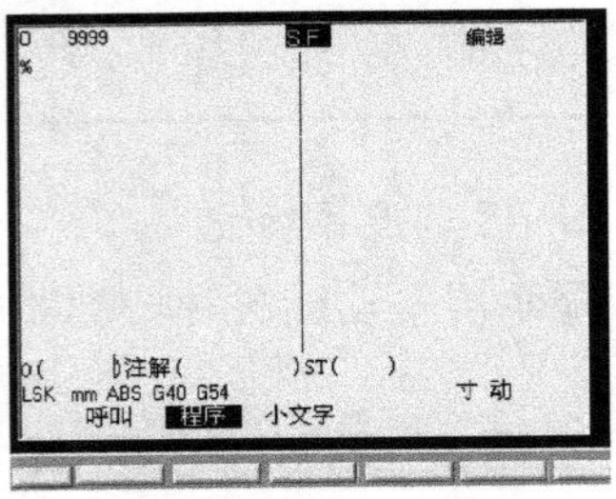

（二）开机操作

操作步骤如下：

（1）接通外部电源。把总闸和分闸都打到"ON"的状态，如图 1 - 2 所示。

图 1 - 2　接通外部电源

（2）接通压缩空气。把位于机床后面的气阀打到开启状态，如图 1 - 3 所示。

图 1 - 3　开通气阀

（3）打开机床后方的电源开关，使其置于"ON"的状态，如图 1 - 4 所示。

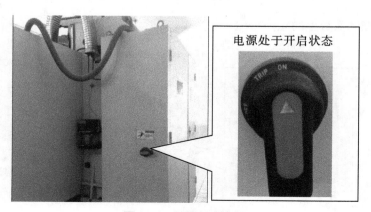

图 1 - 4　开通机床电源

（4）开通控制面板电源，如图 1-5 所示。

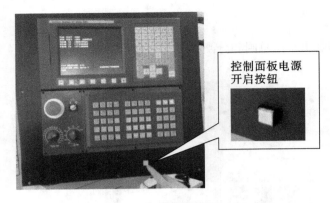

控制面板电源
开启按钮

图 1-5　开通面板电源

（5）顺时针旋转控制面板上的急停按钮，解除急停状态，如图 1-6 所示。

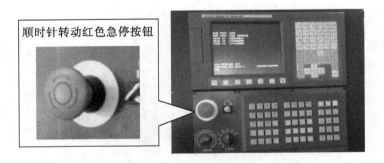

顺时针转动红色急停按钮

图 1-6　急停解除

（6）机床开启完成。

（三）关机操作

操作步骤如下：

（1）按下控制面板上的急停按钮，如图 1-7 所示。

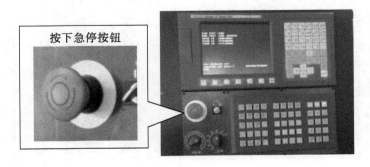

按下急停按钮

图 1-7　按下急停按钮

（2）关闭控制面板电源，图1-8所示的黑色按钮即控制面板的电源开关。

图1-8　关闭控制面板电源

（3）关闭位于机床正后方的床身电源，使其置于"OFF"的状态，如图1-9所示。

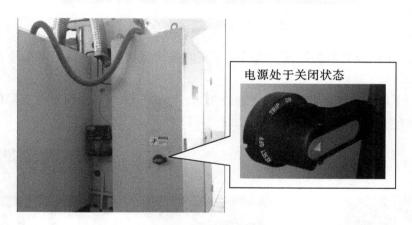

电源处于关闭状态

图1-9　关闭机床床身电源

（4）关闭压缩空气。把位于机床后面的气阀调至关闭状态，如图1-10所示。

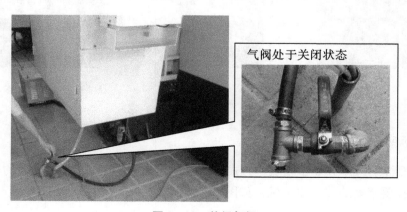

气阀处于关闭状态

图1-10　关闭气阀

（四）返回参考点

操作步骤如下：

（1）按下 REF 按钮，选择回参考点方式，如图 1－11 所示。

图 1－11　选择返回参考点方式

（2）先按下代表 Z 轴的按钮，然后按下正向按钮使机床 Z 轴执行回参考点动作，如图 1－12 所示。

（3）X、Y 轴回参考点的方法与 Z 轴的相同，当 3 个轴均完成回参考点操作后，各轴参考点指示灯均亮起，表示操作成功，如图 1－13 所示。

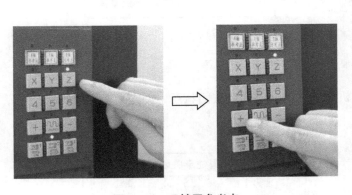

图 1－12　Z 轴回参考点

图 1－13　完成回参考点操作

（五）手动操作

在控制面板中选择 JOG 手动操作方式，该工作方式主要有以下几个方面的功能：

（1）选择要移动的轴，如 X 轴，如图 1－14 所示。

（2）选择要移动的方向，如"＋"向，如图 1 - 15 所示。

（3）通过调节移动速度调节开关可控制移动速度的快慢，如图 1 - 16 所示。

图 1 - 14　选择移动的轴　　图 1 - 15　选择移动的方向　　图 1 - 16　移动速度调节开关

（4）如需要进行快速移动，可同时按下移动方向键及快速键，如图 1 - 17 所示。快速移动速度的快慢可通过选择图 1 - 18 所示的倍率按键进行调节。

图 1 - 17　快速移动　　　　图 1 - 18　快速移动倍率按键

（5）增量进给。在增量进给 INC 方式中，按下机床操作面板上的进给轴及其方向选择键，会使刀具沿着所选轴的方向移动一步，刀具移动的最小距离是最小的输入增量，每一步可以是最小输入增量的 0.001 mm、0.01 mm、0.1 mm 或者 1 mm，进给速度与 JOG 进给的速度一样。同时按下快速移动开关，可以快速移动刀具，快速移动倍率开关指定的倍率有效。

增量进给 INC 步骤：

①按下增量进给方式 INC 选择键 〖WW〗。

②通过倍率选择键 〖X1〗 或 〖X10〗 或 〖X100〗 或 〖X1000〗，选择每一步将要移动的距离。

③选择进给轴 〖X〗 或 〖Y〗 或 〖Z〗，每按下一方向键 〖＋〗 或 〖－〗，刀具沿着选定轴移动一步。

（六）手轮操作

手轮操作需在手轮方式下进行，在手轮进给方式中，刀具可以通过手摇脉冲发生器微量移动。

具体操作如下：

（1）在面板中按下手轮方式按键，选择手轮方式，如图1-19所示。

图1-19　选择手轮方式

（2）根据需要操作手轮进行各轴的进给，如图1-20所示。

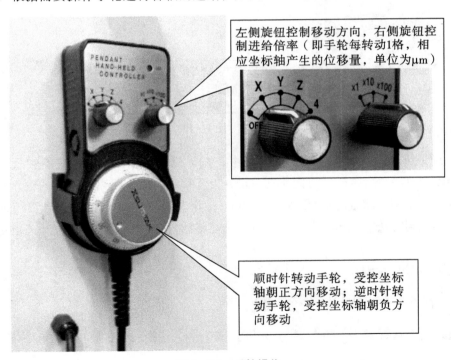

图1-20　手轮操作

手轮各轴进给步骤：

①旋转手轮进给轴选择旋钮，选择刀具要移动的轴。

②旋转手轮进给轴倍率旋钮,选择刀具移动距离的倍率。如果倍率分别为 1、10、100,旋转手摇脉冲发生器一个刻度(一格)时刀具移动的距离分别为 0.001 mm、0.01 mm、0.1 mm。

(七)手工数据输入(MDI)方式的应用

1. 主轴的启停

FANUC 数控铣床系统要求首次开启主轴须在 MDI 方式下进行,具体操作如下:

(1)选择 MDI(手工数据输入)方式,如图 1-21 所示。

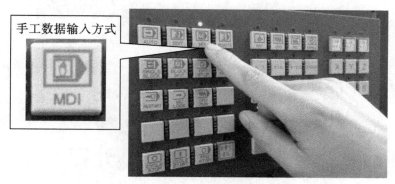

图 1-21 进入 MDI 方式

(2)按 PROG 程序按键进入程序界面,在控制面板中输入"M3S500;"(M3 代表主轴正转,S500 代表转速为 500 转/分钟,分号为程序段结束符),如图 1-22 所示。

图 1-22 进入程序界面并输入指令

（3）按 INSERT（插入）键将指令输入数控装置中，如图 1 – 23 所示。

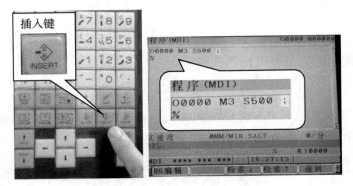

图 1 – 23　输入指令

（4）按 CYCLE START（循环启动）按键启动主轴，可通过主轴转速倍率开关调节主轴转速的快慢，如图 1 – 24 所示。

图 1 – 24　启动主轴并调节转速

（5）主轴停止可以选择以下两种方式：一是在 MDI 方式下输入 M5 指令，然后按 CY-CLE START 键执行，如图 1 – 25 所示；二是按下控制面板上的复位键即可停止主轴，如图 1 – 26 所示。

图 1 – 25　指令停主轴

图 1 – 26　复位停主轴

2．自动换刀

在 MDI 方式下输入"TnM6"指令（Tn 代表刀具号），然后按 CYCLE START 键执行，即可实现加工中心的自动换刀功能。

3．各轴的移动

例如，在 MDI 方式下输入"G54 G90 G01 X100 F300;"指令，然后按 CYCLE START 键执行，即可实现 X 轴直线运动至工件坐标 X100 的位置。

（八）编辑（EDIT）方式的应用

按 EDIT 键进行编辑方式，如图 1 – 27 所示。

编辑方式

EDIT

图 1 – 27　进入 EDIT 方式

1．在存储器中创建程序

在 EDIT（编辑）方式下，可通过手工的方法创建程序，即"手工编程"。具体操作步骤如下。

（1）在控制面板中按 PROG 键进入程序页面，输入需要创建的程序号，如 O1111（O 为英文字母）并按下 INSERT 键进行创建，如图 1 – 28 所示。

（2）利用控制面板中的键盘逐段输入程序，直到整个程序输入完毕，如图 1 – 29 所示。

图 1 – 28　创建程序

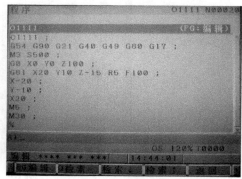

图 1 – 29　输入程序

● **注意：**

◇创建程序时应注意避免在存储器中出现程序名重复的情况，否则会导致创建失败。

◇创建好的程序将会被自动保存在数控装置的存储器中，即使断电也不会丢失。

◇输入程序中各常用按键的功能如图 1 - 30 所示。

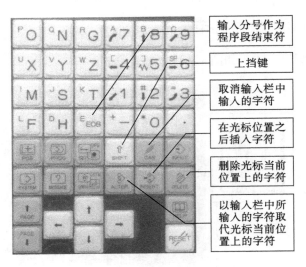

图 1 - 30　常用按键的功能

2. 删除存储器中的程序

在程序界面中输入需要删除程序的程序名，如 O2234，并按下控制面板上的 DELETE 键进行删除操作，如图 1 - 31 所示。

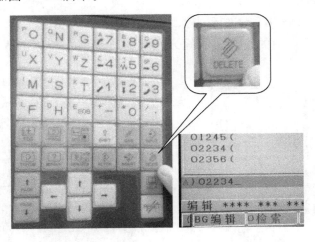

图 1 - 31　删除程序

3. 编辑存储器中的程序

在程序界面下输入需要编辑程序的程序名，如 O1234，按下 ↓ 光标移动键即可打开该程序，然后可根据需要对程序进行编辑，如图 1-32 所示。

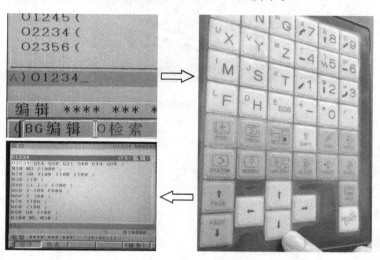

图 1-32　编辑程序

（九）其他操作

1. 主轴的启停

在手动方式下，通过选择以下 3 个按钮即可实现主轴的正转、停止及反转，如图 1-33 所示。

图 1-33　主轴正转、停止及反转按键

> ● **注意：**
> ◇FANUC 数控铣系统要求首次开启主轴须通过 MDI 方式进行，之后可在手动方式下直接启动主轴。

2. 切削液的启停

在手动方式下，按下切削液开关按键可进行切削液开关切换，如图 1-34 所示。

图 1 - 34　切削液开关

● **注意:**
◇切削液开关按键在自动方式下同样有效,可在执行程序时启动或停止切削液。

3. 刀柄的装卸

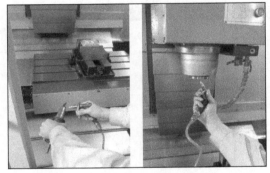

图 1 - 35　清洁刀柄锥柄表面及主轴锥孔

在主轴上安装或拆卸刀柄必须在手动方式下进行,以下为安装刀柄的具体操作步骤。

(1) 用气枪对刀柄锥柄表面及主轴内部锥孔进行清洁,以保证刀柄锥柄与主轴锥孔之间的配合精度,如图 1 - 35 所示。

(2) 调整刀柄上的定位槽与主轴上的定位键对准,按下主轴上的主轴刀具松/夹按钮,使主轴内的抓刀机构松开(指示灯亮),将刀柄沿铅垂方向放到主轴锥孔中,如图 1 - 36 所示。然后再次按下主轴刀具松/夹按

钮,使主轴内的抓刀机构收紧(指示灯灭),即完成装刀操作,如图 1 - 37 所示。

图 1 - 36　主轴抓刀机构松开

图 1 - 37　主轴抓刀机构收紧

卸刀时，单手抓住刀柄并稍微用力将刀柄往上顶，同时按下主轴刀具松/夹按钮，使主轴内的抓刀机构松开（指示灯亮），然后慢慢将刀具向下取出，如图 1-38 所示。

（a）捏紧刀具　　　　　　（b）松刀

图 1-38　从主轴上拆卸刀柄

● **注意：**

◇装卸刀具前请确保主轴旋转运动已经停止。

◇装卸刀具前请先确定机床气阀是否打开，气压是否足够。

◇卸刀时禁止用力往下拔刀柄，以免造成危险。

◇松刀状态下如果刀柄仍未能卸下，请勿随意松开抓住刀柄的手，以防突然掉落，必须在紧刀状态下才能松手。

---

4. 超程的解除

手动方式下，如机床坐标轴无法移动，且红色指示灯闪烁，表明机床正处于报警状态。

（1）如图 1-39 所示，按下面板 MESSAGE 按键可查看报警信息。

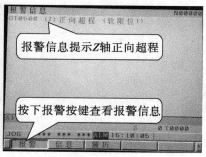

图 1-39　查看机床报警信息

（2）坐标轴某方向超程时，可在手动方式下沿该轴相反方向移动一段距离，再按复位键解除报警，如图 1-40 所示。

图 1-40　按复位键解除报警

二、平口钳的找正

平口钳的找正可通过百分表来实现。百分表一般分为指针式和杠杆式两种，如图 1-41 所示。

（a）指针式百分表　　　　（b）杠杆式百分表

图 1-41　百分表的类型

（a）　　　　　　　　（b）

图 1-42　常用百分表表架

百分表需与表架配套使用，常用的百分表表架如图 1-42 所示。

以下介绍利用指针式百分表找正平口钳固定钳口的具体操作：

（1）检查百分表的灵活性和稳定性，符合要求方可使用。

（2）用气枪清洁干净平口钳固定钳口，利用扳手适当预紧固定平口钳的左右两侧的螺栓，同时利用扳手旋转平口钳螺杆方头，打开钳口，使之有足够的空间容纳百分表，如图 1-43 所示。

（3）卸下主轴上的刀具，将磁性表架安装到机床主轴箱上，调节两根光杆平行并尽量把它们伸长，以免打表时机床Z轴负向超程，安装百分表，测量头朝向平口钳的固定钳口侧，如图1-44所示。

②拧松螺杆方头，打开钳口

①扳紧螺母，预紧螺栓

（a）　　　　　（b）

图1-43　预紧固定螺栓、打开钳口　　　　图1-44　安装磁性表架及百分表

（4）用手轮方式将百分表放入钳口内，小心调节测量杆垂直于平口钳的固定钳口，并使百分表表面保持水平，便于读数，并将百分表的指针读数调零，如图1-45所示。

指针读数调零

图1-45　百分表的指针读数调零

● **注意：**

◇固定百分表时夹紧力要适当，既要夹牢而又不至于使套筒变形，以免造成测量杆卡住或移动不灵活的现象，夹紧后就不准再转动百分表，如需要转动表的方向，则必须先松开夹紧装置。

◇读数时，要在指针停止摆动后开始读数，视线要垂直于表盘，即正对着指针来读数，否则会由于偏视造成一定的读数误差。

（5）预压：利用手轮控制 Y 轴，使百分表测量头与固定钳口面接触，并具有适当的测量力，即在测量头压到被测量面上之后，表针顺时针转动半圈至一圈（相当于测量杆有 $0.3 \sim 1 \, mm$ 的压缩量，称为"预压量"），旋转百分表外圈刻度，再次将其读数调零，如图 1 - 46 所示。

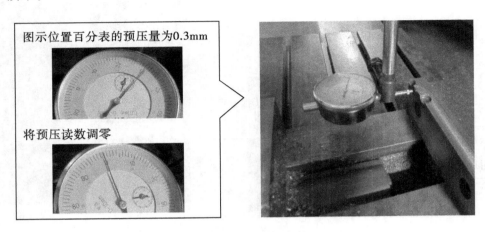

图示位置百分表的预压量为0.3mm

将预压读数调零

图 1 - 46　将百分表的预压读数调零

（6）打表：利用手轮控制 X 轴，移动工作台的位置，打表时应注意避开固定钳口铁的安装孔，以免损坏测量杆，使测量头从固定钳口的左侧运动至右侧，观察百分表读数的变化，如图 1 - 47 所示。

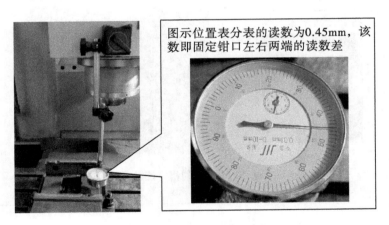

图示位置表分表的读数为0.45mm，该数即固定钳口左右两端的读数差

图 1 - 47　打百分表，观察读数的变化

（7）以胶锤轻轻敲击平口钳钳身靠近操作者一端的左侧位置，使之偏转，注意要一边敲击，一边观察百分表读数的变化，当百分表读数约回落到上一步读数的一半时停止敲击，如图 1 - 48 所示。

百分表的读数从0.45mm
回落0.23mm左右

图 1-48　转动平口钳并观察百分表读数的变化

（8）重复（6）、（7）两步的操作，直到百分表在固定钳口左右两侧的读数差小于 0.01 mm 为止，用扳手上紧平口钳左右两侧的紧固螺母（两侧反复交替进行），如图 1-49 所示。

固定好平口钳之后须再次打表，确认左右两侧的读数差在 0.01 mm 以内，最后才拆卸百分表及磁性表架，完成整个找正操作。

图 1-49　上紧平口钳

三、铣刀的安装及拆卸

（一）铣刀的安装

（1）准备好铣刀、弹簧夹头及刀柄，并用气枪清洁表面及内孔的铁屑和灰尘，如图 1-50 所示。

（2）将弹簧夹头装入刀柄内孔，如图 1-51 所示。

图 1-50　铣刀、弹簧夹头及刀柄

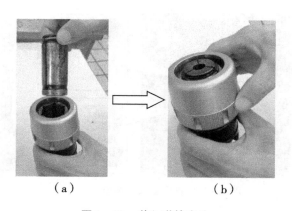

（a）　　　　　　　（b）

图 1-51　装入弹簧夹头

（3）将铣刀装入弹簧夹头内孔，如图1-52（a）、（b）所示。

> ● **注意：**
> ◇当刀具装入弹簧夹头内孔时，用力要轻，如配合偏紧而难以推进时，千万不可使劲用力，以免铣刀侧刃划破手指。此时应使用棉布缠住铣刀的工作部分，再施力将其向弹簧夹头内孔推进，如图1-52（c）所示。如果仍无法推进，则应通过替换法检查铣刀、弹簧夹头或刀柄发生变形的可能性。

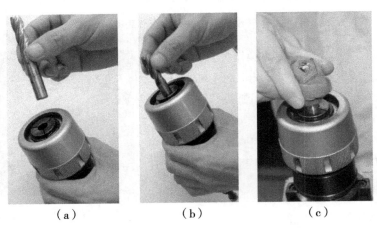

（a）　　　　　　　（b）　　　　　　　（c）

图1-52　装入铣刀

（4）使刀柄键槽与刀柄座上的平键对齐，将刀柄锥柄部分装入刀柄座内孔，如图1-53所示。

（5）用钩形扳手钩住锁紧螺母外表面圆周均布的凹槽，按箭头所示方向上紧螺母、夹紧刀具，如图1-54所示。至此，铣刀安装完成。

图1-53　锥柄装入刀柄座

图1-54　上紧锁紧螺母

（二）铣刀的拆卸

铣刀拆卸的顺序与装夹顺序相反，动作方向及手势如图 1 – 55 所示。当力量不够时，可用加力棒增长力臂，以降低拆卸的力量。

当锁紧螺母拧松之后，使用棉布缠住铣刀的工作部分，轻轻施力，将其从弹簧夹头内孔中取出，如图 1 – 56 所示。

把加力棒套在钩形扳手的手柄上

图 1 – 55　拆刀动作

图 1 – 56　取刀

如果偏紧，应用一字螺丝刀把弹簧夹头连同铣刀一起撬起并取出，如图 1 – 57 所示。

四、工件坐标系的设置

设置工件坐标系的实质是把工件坐标系原点的机械坐标值找出来并输

图 1 – 57　撬起弹簧夹头再拆刀

入 G54 寄存器中，可通过"对刀"操作来实现。假设工件坐标系选在工件上表面中间位置，所谓"对刀"就是使基准刀的刀位点（常用刀具的刀位点如图 1 – 58 所示）与工件

刀位点
（a）平刀

刀位点
（b）球刀

刀位点
（c）钻头

图 1 – 58　常用刀具的刀位点

坐标系原点重合，如图 1 - 59 所示。此时位置中所显示的机械坐标值即为工件坐标系原点的机械坐标，将其输入 G54 寄存器中即完成工件坐标系的设置。

工件坐标系位于工件上表面中间

图 1 - 59　对刀原理：刀位点与工件坐标系原点重合

假设工件表面均为毛坯面，可采用平铣刀直接对刀，以下将介绍工件坐标系选在工件上表面中间位置情形下的对刀方法及具体操作步骤。

（1）安装基准刀 T1，在 MDI 方式输入"M3 S500;"，并按下控制面板上的 CYCLE START 按键启动主轴，如图 1 - 60 所示。

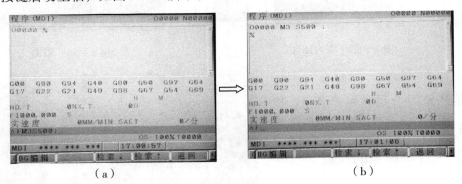

（a）　　　　　　　　　　　　　　　（b）

图 1 - 60　以 MDI 方式启动主轴

（2）X 轴方向的对刀。

①切换到手轮方式，使刀具轻碰工件左侧面，如图 1 - 61 所示。

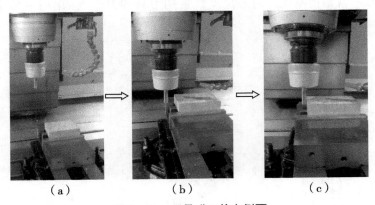

（a）　　　　　　　　（b）　　　　　　　　（c）

图 1 - 61　刀具碰工件左侧面

②X轴相对坐标归零，如图1-62所示。

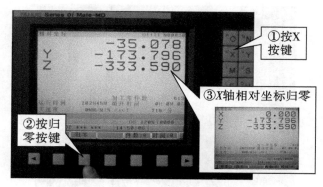

图1-62　X轴相对坐标归零

③Z向提刀，并移动到工件右侧，下刀，使刀具轻碰工件右侧面，如图1-63所示。

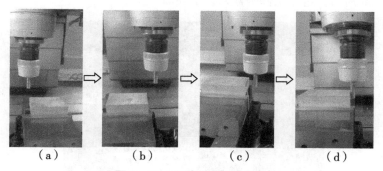

（a）　　　　　（b）　　　　　（c）　　　　　（d）

图1-63　刀具碰工件右侧面

④Z向提刀，此时X轴相对坐标为133.4，该数值的一半为66.7。操作手轮，移动X轴至相对坐标为66.7的位置。至此，已成功将基准刀定位到工件X向中间，即工件坐标系X0所在位置，如图1-64所示。上述对刀方法称为"分中碰数"。

图1-64　基准刀定位到工件X向中间

⑤如图 1-65 所示，查看此时的 X 轴机械坐标值为 -273.5。

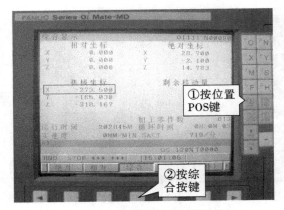

图 1-65 查看 X 轴机械坐标值

⑥如图 1-66 所示，进入工件坐标系设定界面。

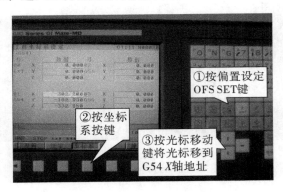

图 1-66 进入工件坐标系设定界面

⑦将此时 X 轴的机械坐标值 -273.5 输入 G54 寄存器的 X 轴地址中，即完成 X 轴方向的对刀，可通过以下两种方法进行输数：

方法一：如图 1-67 所示。Y、Z 轴可按同样方法进行操作。

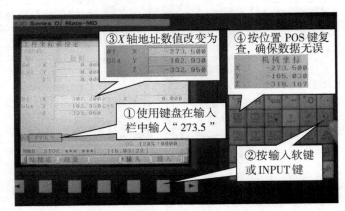

图 1-67 在 G54 寄存器中输入 X 轴机械坐标值（方法一）

方法二：如图 1 - 68 所示。

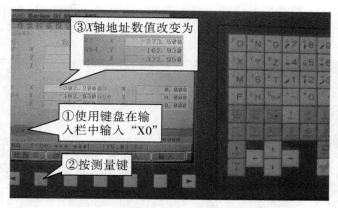

③X 轴地址数值改变为

①使用键盘在输入栏中输入"X0"

②按测量键

图 1 - 68　在 G54 寄存器中输入 X 轴机械坐标值（方法二）

● **注意：**

◇使用测量功能时，输入"X0"代表当前刀具的刀位点所在位置的 X 轴工件坐标值为 0；同理，若输入"X5"，代表当前刀具的刀位点所在位置的 X 轴工件坐标值为 5，若输入"X - 5"，代表当前刀具的刀位点所在位置的 X 轴工件坐标值为 - 5；其余各轴同理。

◇无论对哪个轴进行操作，按测量键的作用均在于由系统自动根据刀具当前位置的机械坐标值测量计算出工件坐标原点处的机械坐标值，并将其输入 G54 寄存器中。

◇使用测量功能，具有快捷、灵活和便利的特点，同时能避免方法一中靠手工输入数据容易出错的不足。

◇使用功能进行对刀时，基准刀刀位点不要求定位到工件坐标系原点处。如图1 - 69所示，刀位点与工件坐标系原点在 X 方向上的距离为 66（120/2 + 12/2 = 66）。此时，若输入"X66"，系统即根据刀具当前所在位置的机械坐标值减 66，计算出工件坐标系原点处的机械值，并自动输入 G54 寄存器中。上述对刀方法称为"单边碰数"。

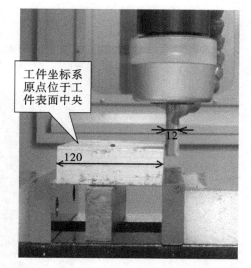

工件坐标系原点位于工件表面中央

120

12

图 1 - 69　X 轴采用单边碰数设定工件坐标系

（3）Y 轴方向的对刀。

与 X 轴方向类同，不再赘述。

（4）Z轴方向的对刀。

以手轮控制 Z 向，使基准刀轻碰工件上表面，如图 1-70（a）所示。此时，若输入"Z0"，系统即将刀位点当前位置的机械坐标值输入 G54 寄存器中，如图 1-70（b）所示。

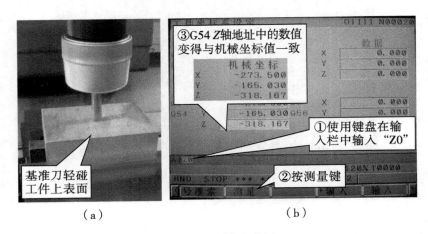

（a） （b）

图 1-70 Z 轴方向的对刀

至此，已将工件坐标系原点 X、Y、Z 三个方向的机械坐标值全部输入 G54 寄存器中，即完成工件坐标系的设置。

● 注意：

◇许多情况下由于加工的需要，需把工件坐标系原点 Z0 位置设置在工件毛坯表面以下 0.5 mm 左右，如图 1-71 所示。

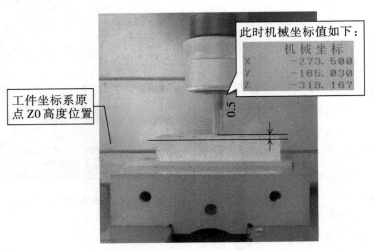

图 1-71 工件坐标系原点 Z0 位于毛坯表面以下约 0.5 mm 处

处理方法有以下三种:

方法一:将光标移动到 G54 寄存器的 Z 轴地址中,并按图 1 - 72 所示的步骤进行操作。

方法二:将光标移动到 G54 寄存器的 Z 轴地址中,并按照图 1 - 73、图 1 - 74 所示的步骤进行操作,使 G54 寄存器的 Z 轴地址中机械坐标值在原来的基础上叠加 -0.5,即相当于把工件坐标系原点从毛坯表面往 Z 轴负方向平移 0.5 mm。

方法三:将光标移动到 00 号 G54 扩展寄存器的 Z 轴地址中,并按照图 1 - 75 所示的步骤进行操作,即相当于把工件坐标系原点从毛坯表面往 Z 轴负方向平移 0.5 mm。

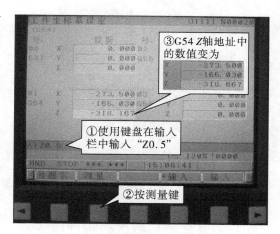

图 1 - 72 Z 轴方向的对刀（工件坐标系原点 Z0 位于毛坯表面以下约 0.5 mm 处）

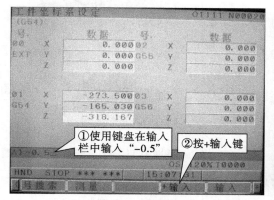

图 1 - 73 输入数据

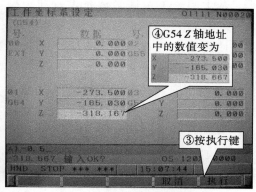

图 1 - 74 确认运算结果并执行

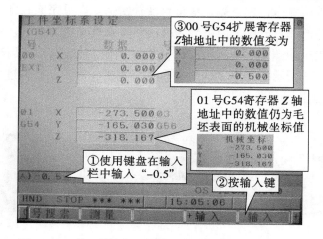

图 1 - 75 使工件坐标系原点沿 Z 轴负方向平移 0.5 mm

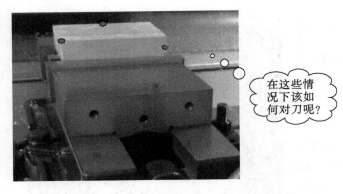

图 1-76　工件坐标系原点可能出现的位置

在这些情况下该如何对刀呢?

五、刀具长度补偿值的测量与设置

一个零件的数控铣削加工可能用到数把刀,对应多个程序,而且每个程序都是基于同一个工件坐标系设置加工参数的。然而,在设定工件坐标系时一般只是使用基准刀 T1 进行对刀,加工 T1 对应的程序自然没有问题,但其他刀具如 T2,由于安装后的刀具长度与基准刀 T1 并不相同,故加工 T2 对应的程序就必然会发生空走或撞机的情况。因此,必须要对 T2 对应的程序进行刀具长度补偿。

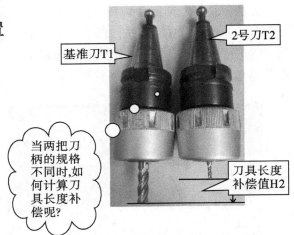

当两把刀柄的规格不同时,如何计算刀具长度补偿呢?

图 1-77　T2 与基准刀 T1 的刀具长度差值示意图

如图 1-77 所示,即为 T2 与基准刀 T1 的刀具长度差值(刀具长度补偿值)的示意图。

刀具长度补偿的原理是:用机内或者机外测量的方法获得第二把刀与基准刀之间的长度差,把刀具的长度差输入机床参数,执行长度补偿指令即可完成长度补偿。

刀具长度补偿值的测量方法一般可分为机内测量及机外测量两种。如需达到比较高的测量精确,可在机内采用图 1-78 所示的机械式 Z 向对刀仪进行刀具长度补偿值的测量,或在机外采用图 1-79 所示的光学 Z 向对刀仪进行测量;对于一般精度要求,可在机内采用"滚刀法"进行测量。

（a）　　　　　　　　　（b）　　　　　　　　　（c）

图 1-78　机械式 Z 向对刀仪

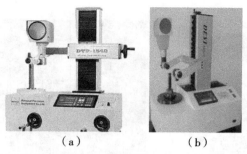

（a）　　　　　　　　（b）

图 1 - 79　光学 Z 向对刀仪

机内测量通过移动基准刀具和将要测量的刀具，使其接触到机床上的某一位置（即对刀基准），一般选择工作台面或与工作台面平行的表面，如平口钳与工作台面平行的表面，可以测量出被测刀具与基准刀的长度差。

以下主要介绍机内"滚刀法"测量长度补偿值的具体操作步骤。

（1）设定基准刀 T1 的基准位置。

①装上基准刀 T1，采用手动及手轮操作方式把刀具停在距离平口钳砧板面上方略大于滚刀直径的位置，如图 1 - 80 所示。

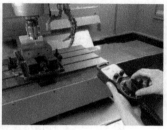

②采用手轮调整 Z 向位置，先用大挡再用小挡逐步微调，使滚刀在基准刀与平口钳砧板面之间的空隙中能够不松不紧地滚过（反复尝试才能实现），如图 1 - 81 所示。

图 1 - 80　把基准刀停在平口钳砧板面上方

（a）　　　　　　　　（b）

图 1 - 81　滚刀

● **注意：**

◇不能强行推动滚刀通过被测刀具与平口钳砧板面之间的空隙，以免磨钝刀尖。

◇必须在停止手轮动作的前提下才能进行滚刀，尤其当滚刀位于主轴正下方时，禁止通过手轮使 Z 轴往下运动，以免顶断刀具甚至损坏机床，如图 1 - 82 所示。

危险！此时严禁逆时针方向转动手轮

图1-82　滚刀处于主轴正下方时禁止逆时针方向转动手轮

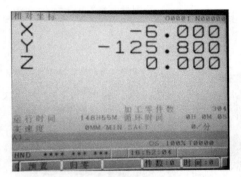

图1-83　Z轴相对坐标归零

③Z轴相对坐标归零，如图1-83所示。至此，便确定了基准刀T1在Z向的基准位置。

（2）测定其他刀（如T2）相对于基准刀T1的长度差。

①卸下基准刀T1，安装T2。

②按前述的滚刀操作方法，采用同一把刀进行滚刀，利用手轮调整T2在Z向的位置，直到滚刀在T2与平口钳砧板面之间的空隙中不松不紧地滚过为止。此时，在位置中所显示的相对坐标Z即为T2与基准刀T1之间的长度差值，如图1-84所示，为

-12.9，表明T2比基准刀T1短12.9mm。

（3）输入其他刀（如T2）的刀具长度补偿值。

操作步骤如图1-85、图1-86所示。

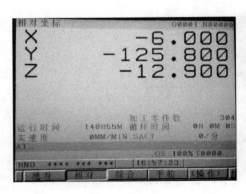

图1-84　T2与基准刀T1之间的长度差

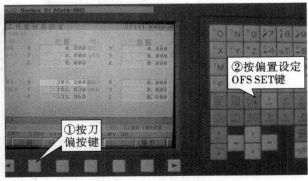

②按偏置设定OFS SET键

①按刀偏按键

图1-85　进入刀偏界面

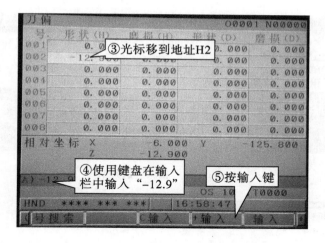

图1-86　在H2地址中输入T2的刀具长度补偿值

以下是利用Z向设定器对长度补偿介绍。

利用Z向设定器精确设定Z向零点位置。Z向设定器是将Z向零点设定在工件上表面的操作方法，如图1-87所示。

（4）使用刀具长度补偿时应注意下列事项。

①第一把刀表示偏置量为零，常用于刀具长度补偿的取消。

②刀具号和偏置号是一一对应的关系，但为了便于管理和记忆，约定为1号刀对应T1（所以在操作中必须确保该值为零），2号刀对应T2，以此类推。

③操作时的"可确定点"可以是任意的，但必须可以确定位置。因为长度补偿的概念是刀具间的长度差值，和刀具本身的具体长度无关。而设置可

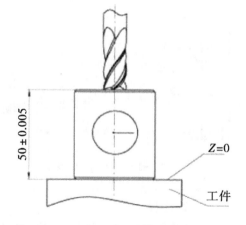

图1-87　利用Z向设定器进行
Z向零点对刀设定

确定点是为了确保在同一点上对比，减少因工件表面不平整而引起的误差。

④执行长度补偿时，必须预留足够的高度进行补偿，否则会产生撞刀现象。

⑤G43、G44为持续有效，如欲取消刀具长度补偿，则以G49或H00指令取消（G49：刀具长度补偿取消；H00：补正值为零）。

六、设置传输软件波特率

以CIMCO Edit v5传输软件为例，设置波特率的具体操作步骤如图1-88、图1-89、图1-90所示。

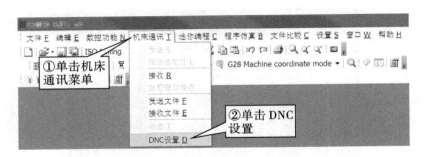

图 1-88　机床通讯菜单

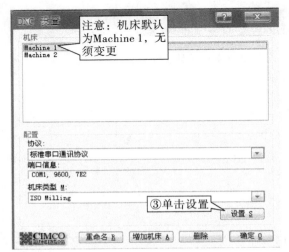

图 1-89　DNC 设置

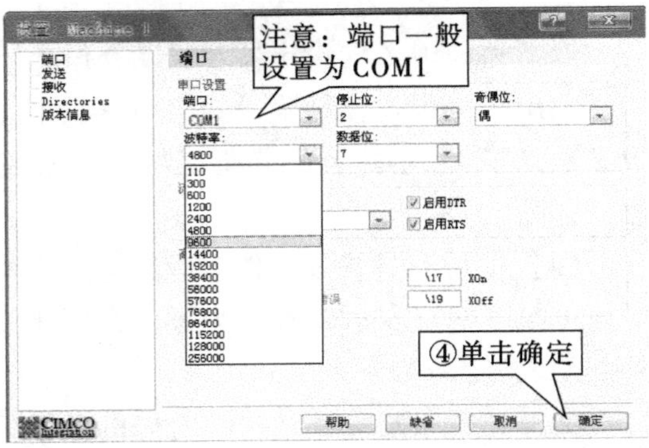

图 1-90　根据需要修改波特率

● 注意：

◇波特率一般设置为 4 800、9 600 或 19 200。如果传输速度跟不上加工速度，数控装置则会发出报警，此时应将波特率调高。

七、外部程序的传输与运行

操作步骤如下：

（1）机床准备接收程序，选择图 1-91 所示的各工作方式及按键。

图 1-91　机床准备接收程序

● **注意:**

◇机床准备接收程序时是否需要按 CYCLE START 循环启动键与传输软件有关,有些传输软件传输程序前不需要按 CYCLE START 循环启动键。

◇运行程序前,为了安全起见,除了使用 SINGLE BLOCK 单段运行功能以外,通常把进给倍率及快速移动倍率调低,以便发现异常时能及时停机,如图 1-92 所示。

图 1-92 调低进给倍率及快速移动倍率

(2)传输程序。使用传输软件打开程序,选择图 1-93 所示的发送程序。此时,CY-CLE START 循环启动功能的指示灯会熄灭,屏幕显示所接收到的程序,如图 1-94 所示。

图 1-93 发送程序

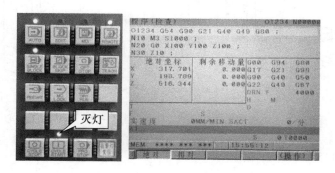

图 1-94 程序发送成功

(3)按 CYCLE START 循环启动键执行程序。

八、相关知识

（一）加工中心的特点、分类及坐标系

1. 加工中心的特点和分类

加工中心是一种配有刀库并能自动更换刀具、对工件进行多工序加工的数控机床。

（1）按功能分类有：

① 单工作台、双工作台和多工作台加工中心。

② 三轴、四轴、五轴及多轴联动加工中心。

③ 立式转塔加工中心和卧式转塔加工中心。

④ 刀库加主轴换刀加工中心、刀库加机械手加主轴换刀加工中心。

（2）按形态分类有：

① 立式加工中心。

如图 1-95 所示，立式加工中心通常采用固定立柱式，主轴箱吊在立柱一侧，其平衡重锤放置在立柱中，工作台为十字滑台，可以实现 X、Y 两个坐标轴的移动，主轴箱沿立柱导轨的运动实现 Z 坐标移动。

② 卧式加工中心。

如图 1-96 所示，卧式加工中心通常采用立柱移动式、T 形床身。一体式 T 形床身的刚度和精度保持性较好，但其铸造和加工工艺性差。分离式 T 形床身的铸造和加工工艺性较好，但是必须在连接部位用大螺栓紧固，以保证其刚度和精度。

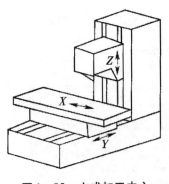

图 1-95　立式加工中心

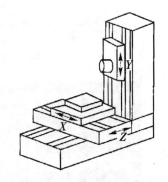

图 1-96　卧式加工中心

③ 五面加工中心。

五面加工中心兼具立式和卧式加工中心的功能，工件一次装夹后能完成除安装面外的所有侧面和顶面等五个面的加工。常见的五面加工中心的布局形式有两种，图 1-97（a）所示的布局形式，主轴可以 90°旋转，可以按照立式和卧式加工中心两种方式进行切削加工；图 1-97（b）所示的工作台可以带着工件做 90°旋转来完成五面切削加工。

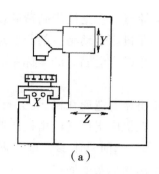 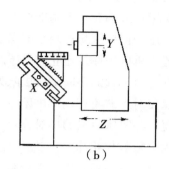

（a）　　　　　　　　　　　　（b）

图 1-97　五面加工中心

2. 机床坐标系和机床原点

数控机床坐标系是为了确定刀具在机床中的位置、机床运动部件的特殊位置（如换刀点、参考点等）以及运动范围等建立的几何坐标系。数控机床的标准坐标系及其运动方向，已有统一规定。规定原则如下：

①标准的机床坐标系是一个右手笛卡尔直角坐标系。

②永远假定刀具相对于静止的工件运动。

③使刀具与工件距离增大的方向为运动的正方向，反之则为负方向（如回零后机床 X、Y、Z 三轴一般都处于正向极限位置，要使刀具接近工件就要按三轴的负方向移动键）。

（1）坐标轴确定的方法及步骤。

标准的坐标系采用右手笛卡尔直角坐标系，如图 1-98 所示。图中大拇指的指向为 X 轴的正方向，食指的指向为 Y 轴的正方向，中指的指向为 Z 轴的正方向。围绕 X、Y、Z 轴旋转的圆周进给坐标轴分别用 A、B、C 表示，根据右手螺旋定则确定。

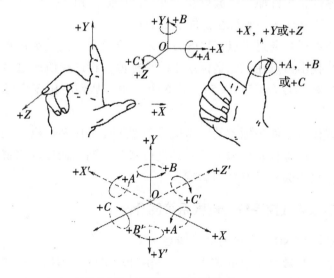

图 1-98　标准的机床坐标系

（2）机床原点、机床坐标系。

现代数控机床一般都有一个基准位置，称为机床原点，它是机床制造商设置在机床上的一个位置，作用是使机床与控制系统同步、建立测量机床运动坐标的起始点、确定工件在机床中的位置。机床坐标系建立在机床原点之上，是机床上固有的坐标系。机床坐标系的原点位置是在各坐标轴的正向最大极限处。

与机床原点相对应的还有一个机床参考点，它是机床制造商在机床上用行程开关设置的一个物理位置，与机床原点的相对位置是固定的，在机床出厂之前由机床制造商精密测量确定。对于大多数数控机床，开机后的第一步操作是返回机床参考点（即回零操作）。回机床参考点的目的就是建立机床坐标系，并确定机床坐标系的原点。

机床参考点一般不同于机床原点。它是由系统参数设定的，其值可以是零。如果为零，则表示机床参考点和机床原点重合；如果不为零，则机床开机回零后显示的机床坐标系的值是系统参数中设定的距离值。

3. 工件坐标系和工件原点

对于数控编程和数控加工来说，还有一个重要的原点就是工件原点，是编程人员在数控编程过程中定义在工件上的几何基准。

编程时一般选择工件上的某一点作为工件原点，并以这个原点作为坐标系的原点，建立一个新的坐标系，称为工件坐标系（也称为编程坐标系）。

工件坐标系是为了确定工件几何形体上各要素的位置而设置的坐标系。工件原点的位置是由编程人员在编制程序时根据工件的特点选定的。在选择工件原点的位置时应注意：

①工件原点应选在零件图的尺寸基准上，以便计算坐标值，并且可以减少失误。

②工件原点尽量选在精度较高的工件表面上，以提高加工精度。

③对于对称零件，工件原点一般设在对称中心上。

④对于一般零件，工件原点一般设在工件轮廓的某一角上。

⑤Z轴方向上的原点，一般设在工件上表面。

工件坐标系原点通常通过零点偏置的方法来进行设定，其设定过程为：选择装夹后工件坐标系的原点，找出该点在机床坐标系中的坐标值，将这些值通过机床面板输入机床偏置存储器参数（这种参数有 G54～G59，共 6 个）中，从而将机床坐标系原点偏移到工件坐标系的原点。

通过零点偏置设定工件坐标系的实质就是确定工件坐标系在机床坐标系中的位置。通过这种方法设定的工件坐标系，只要不对其进行修改、删除操作，它就会被永久保存，即使关闭机床电源，也不会对其有任何影响。

（二）加工中心的数控系统和伺服系统简介

1. 计算机数控（CNC）装置的工作原理

计算机数控装置是数控系统的核心，主要由计算机硬件和软件组成，因此，可以将数控装置理解成带有控制软件的计算机。CNC 装置在其硬件环境支持下，按照系统监控软件的控制逻辑，对程序输入、译码、刀具补偿、速度规划、插补运算、位置控制、输入/输出处理、显示和诊断方面进行控制。CNC 装置的主要工作包括以下内容。

（1）输入。需要输入 CNC 装置的有零件程序、控制参数和补偿量等数据。输入的形式有键盘输入、磁盘输入、连接上级计算机的 DNC 接口输入和网络输入等。从 CNC 装置的工作方式看，有存储工作方式输入和手工直接输入工作方式。CNC 装置在输入过程中通常还要完成无效删除、代码校验和代码转换等工作。

（2）译码。不论系统工作在 MDI 方式还是存储器方式，都是将零件程序以一个程序段为单位进行处理，把其中的各种零件轮廓信息（如起点、终点、直线或圆弧等）、加工速度信息（F 代码）和其他辅助信息（M、S、T 代码等）按照一定的语法规则解释成计算机能够识别的数据形式，并以一定的数据格式存放在指定的内存专用单元。在译码过程中，还要完成对程序段的语法检查，若发现语法错误便立即报警。

（3）刀具补偿。刀具补偿包括刀具长度补偿和刀具半径补偿。其中，刀具半径补偿算法复杂，采用刀具补偿可以使编程得到简化，即直接以零件轮廓轨迹编程，而不用考虑刀具半径，实际上刀具补偿的作用是把零件轮廓轨迹转换成刀具中心轨迹。在现代数控装置中，刀具补偿的工作还包括程序段之间的自动转接和过切判别，这通常被称为 C 刀具补偿。

（4）进给速度处理。进给速度处理是编程所给的刀具移动速度，是在各坐标的合成方向上的速度。进给速度处理要做的工作是根据合成速度来计算各运动坐标的分速度，在有些 CNC 装置中，对于机床允许的最低速度和最高速度的限制也一并进行处理。

（5）插补。数控机床实现曲线和与坐标轴不平行的直线动作时，都是将动作分解到各个坐标轴上进行，如何分解就要通过插补功能来实现。插补的任务是在一条给定起点和终点的曲线上进行"数据点的密化"。插补程序在每个插补周期运行一次，在每个插补周期内，根据指令进给速度计算出一个微小的直线数据段。通常，经过若干次插补周期后，插补加工完一个程序段轨迹，即完成从程序段起点到终点的"数据点密化"工作。

（6）位置控制。位置控制的主要任务是在每个采样周期内，将理论位置与实际反馈位置相比较，用其差值去控制伺服电动机。在位置控制中，通常还要完成位置回路的增量调整、各坐标方向的螺距误差补偿和反向间隙补偿，以提高机床的定位精度。

（7）输入/输出（I/O）处理。I/O 处理主要处理 CNC 装置面板开关信号、机床电气信号的输入、输出和控制（如换刀、换挡、冷却等）。

（8）显示。CNC 装置通过显示器来实现机床与用户的交流。主要显示内容包括零件程序的显示、参数显示、刀具位置显示、机床状态显示、报警显示等。有些 CNC 装置中还有刀具加工轨迹的静态和动态图形显示。

（9）诊断。CNC 装置都具有联机和脱机诊断的能力。联机诊断是指 CNC 装置中的自诊断程序，可以随时检查不正确的事件；脱机诊断是指系统运转条件下的诊断，一般 CNC 类装置配备各种脱机诊断程序以检查存储器、外围设备（CRT、阅读机、穿孔机）、I/O 接口等。脱机诊断还可以采用远程通信方式进行，即所谓的远程诊断，把用户的 CNC 通过网络与远程通信诊断中心的计算机相连，对 CNC 装置进行诊断、故障定位和修复。

2．CNC 装置的功能

CNC 装置实际上就是一台专用微型计算机，通过软件可以实现许多功能。数控装置有多种系列，性能各异，在选用时要仔细考虑其功能。数控装置的功能通常包括基本功能和选择功能。基本功能是数控系统必备的功能，选择功能是供用户根据机床的特点和用途进行选择的功能。CNC 装置的功能主要反映在准备功能 G 指令代码和辅助功能 M 指令代码上。根据数控机床的类型、用途、档次，CNC 装置的功能有很大的不同。

CNC 装置能控制的轴数以及能同时控制联动的轴数是其主要性能之一。数控铣床和加工中心需要实现三轴甚至多轴的联动控制。控制的轴数越多，特别是联动轴数越多，CNC 装置的功能越强，CNC 装置就越复杂，编制程序也就越困难。CNC 装置可以通过其硬件和软件的结合，实现许多功能，其中包括以下功能：

（1）准备功能。准备功能也称为 G 功能，用来指定机床的动作方式，包括基本移动、程序暂停、平面选择、坐标设定、刀具补偿、基准点返回、固定循环、公英制转换等。

（2）插补功能。CNC 装置通过软件实现插补功能，插补计算实时性很强，一般数控装置都有直线和圆弧插补，高档数控装置还具有抛物线插补、螺旋线插补、极坐标插补、正弦插补、样条线插补等功能。

（3）主轴控制功能。CNC 装置可以控制主轴的运动，也可以实现主轴的速度控制和准确定位。

（4）进给功能。进给功能用 F 代码直接指定进给速度，CNC 将其分解成各轴的相应速度。

（5）补偿功能。补偿功能包括传动件反向间隙软件补偿、丝杠螺距累积误差补偿等。

（6）辅助功能（M 功能）。辅助功能是数控加工中不可缺少的辅助操作，不同型号的数控装置具有的辅助功能差别很大，常用的辅助功能包括程序停装、主轴正/反转、切削液接通和断开、换刀等。辅助功能主要通过可编程机床控制器（PLC）来实现。

（7）程序编辑功能。程序编辑功能提供查找、删除、替换、翻页等编辑功能。

（8）字符图形显示功能。CNC 装置可配置不同尺寸的单色或彩色 CRT 显示器，通过软件和接口实现字符、图形显示，可以显示程序、机床参数、各种补偿量、坐标位置、故障信息、人机对话编程菜单、零件图形和动态刀具模拟轨迹等。

（9）输入、输出和通信功能。一般的 CNC 装置可以接多种输入、输出外设，实现程序和参数的输入、输出和存储。CNC 装置还具有 RS232C 等网络接口，可实现通信功能。

（10）自诊断功能。CNC 装置中设置了各种诊断程序，可以对故障进行诊断和监控，在故障出现后可迅速查明故障类型及部位，减少故障停机时间。

CNC 装置的功能多种多样，而且随着技术的发展，功能越来越丰富。其中的控制功能、插补功能、准备功能、主轴功能、进给功能、刀具功能、辅助功能、字符显示功能、自诊断功能等属于基本功能，而补偿功能、固定循环功能、图形显示功能、通信功能、网络功能和人机对话编程功能则属于选择功能。

3．伺服驱动装置

（1）伺服驱动装置的概念。伺服驱动装置是 CNC 装置和机床的联系环节，主要包括伺服驱动单元和伺服电动机。伺服驱动单元接受 CNC 装置发出的控制信息（弱电信号），经过放大、调整，转换成可驱动电动机动作的强电信号，完成程序所规定的操作。

（2）伺服系统的分类。伺服系统有多种分类方法。按应用类型可分为主轴伺服系统和进给伺服系统；按执行元件类型可分为直流伺服电动机、交流伺服电动机和步进电动机驱动系统；按有无检测元件和反馈环节可分为开环、闭环和半闭环伺服系统；按被控制量的性质可分为位置伺服系统和速度伺服系统。数控机床的精度与其使用的伺服系统类型有关。步进电动机开环伺服系统的定位精度是 0.005 ~ 0.01 mm；对精度要求高的大型数控设备，通常采用交流或直流、闭环或半闭环伺服系统。对高精度系统必须采用精度高的检测元件，如光电编码器或光栅等。同时，对传动机构也必须采取相应措施，如采用高精度滚珠丝杠等，常用的半闭环伺服系统的定位精度为 0.001 mm。

伺服驱动单元与伺服电动机如图 1 - 99 所示。

图 1 - 99　伺服驱动单元与伺服电动机

（三）加工中心的刀具系统

1．加工中心常用刀柄

为满足数控加工中心快速换刀的需要，刀具通过标准刀柄与机床连接。用于将刀具连接到机床主轴上的工具称为刀柄。加工中心刀具一般由刀具和刀柄两个部分组成，由于要完成自动换刀，因此刀柄必须能满足主轴的自动松开和夹紧，以及自动换刀机构的机械抓取、移动定位等。

加工中心的刀柄已经标准化、系列化，其刀柄模块采用 7∶24 锥柄，如图 1 - 100 所示，这是因为这种锥柄不自锁，换刀比较方便，且与直柄相比有较高的定心精度和刚度。加工中心刀柄有国际标准 ISO 7388—1983、中国标准 GB 10944—89、日本标准 MAS 403—1982、美国标准 ANSI／ASME B5.5—1985、德国标准 DIN69871 等多种标准和 25、30、40、45、50、60 等多种规格。

常用的刀柄类型有 JT 和 BT 两种。JT 表示采用国际标准 ISO 7388—1983 号加工中心机床用锥柄柄部（带机械手夹持槽），其后数字为相应的 ISO 锥度号，如 50 和 40 分别代表大端直径为 69.85 mm 和 44.45 mm 的 7∶24 锥度；BT 表示采用日本标准 MAS 403—1982 号加工中心机床用锥柄柄部（带机械手夹持槽），其后数字为相应的 ISO 锥度号，如 50 和 40 分别代表大端直径为 69.85 mm 和 44.45 mm 的 7∶24 锥度。

图 1 - 100　刀柄

2. 拉钉

固定在锥柄尾部与主轴内拉紧机构相配备的拉钉也已标准化，分为 A 型和 B 型，如图 1 - 101 所示，装配时首先要将拉钉旋紧在刀柄尾部，主轴内拉紧机构通过滚珠与拉钉的配合来定位刀具。装配拉钉时要注意清理拉钉与刀柄的表面，防止夹杂铁屑等杂物。

（a）ISO 7388 及 DIN 69871A 型拉钉　（b）ISO 7388 及 DIN 69871B 型拉钉　（c）MAS BT 的拉钉

图 1 - 101　拉钉

3. 卡簧

图 1 - 102 所示的是弹簧夹头刀柄和强力铣夹头刀柄用的卡簧，弹簧夹头刀柄和强力铣夹头刀柄主要用于装夹 ⌀26 mm 以下的直柄立铣刀。旋开刀柄锁紧螺母，将卡簧放入刀柄锁紧螺母内，把刀杆由弹簧夹头一端放入卡簧内，注意夹持的长短要合适，尽可能缩短刀具的伸出长度，保证刀具达到最大的刚性。将装好的部分旋入刀柄内，并用专用扳手旋紧。

图 1 - 102　卡簧

4. 刀具系统

常用的加工中心刀具系统如图 1 - 103 所示。

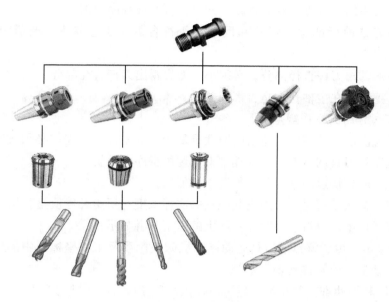

图 1 – 103　刀具系统

（四）加工中心安全操作规程

1. 加工中心安全操作规程

（1）加工前的操作规范。

①机床通电前，检查各开关、按钮和按键是否正常、灵活，机床有无异常现象。

②通电后，检查电压、油压、气压是否正常，有手动润滑的部位先要进行手动润滑。

③各坐标轴手动回零。若某轴在回零前已处在零点位置，必须先将该轴移动到距离原点 100 mm 以外的位置，再进行手动回零。

④在进行工作台回转交换时，台面、护罩和导轨上不得有异物。

⑤为了使机床达到热平衡状态，必须使机床空运转 15 分钟以上。

⑥NC 程序输入完毕后，应认真校对，确保无误。其中包括代码、指令、地址、数值、正负号、小数点及语法的检查。

⑦按工艺规程安装、找正夹具。

⑧正确测量和计算工件坐标系，并对所得结果进行验证和验算。

⑨将工件坐标系输入偏置页面，并对坐标、坐标值、正负号及小数点进行认真核对。

⑩装工件前，空运行一次程序，检查程序能否顺利执行，刀具长度选取和夹具安装是否合理，有无超程现象。

⑪刀具补偿值（刀具长度及半径）输入偏置页面后，要对刀具补偿号、补偿值、正负号、小数点进行认真核对。

⑫装夹工件，避免螺钉压板妨碍刀具运动，检查有无零件毛坯尺寸超常。

⑬检查各刀头的安装方向及刀具旋转方向是否符合程序要求。

⑭查看各刀杆前后部位的形状和尺寸是否符合加工工艺要求，要避免碰撞工件与夹具。

⑮镗刀尾部露出刀杆直径部分，必须小于刀尖露出刀杆直径部分。

⑯检查每把刀柄在主轴孔中是否都能拉紧。

（2）加工过程中的操作规范。

①无论是首次加工的零件，还是周期性重复加工的零件，首先都必须按照图样、工艺规程、加工程序和刀具调整卡，进行逐把刀、逐段程序的试切。

②单段试切时，快速倍率开关必须置于较低挡。

③每把刀在首次使用时，必须先验证它的实际长度与所给补偿值是否相符。

④在程序运行中，要重点观察显示屏上的以下几种显示：

A. 坐标显示。可了解目前刀具运动点在机床坐标系及工件坐标系中的位置，了解这一程序段的移动量，以及移动剩余量等。

B. 寄存器和缓冲寄存器显示。显示正在执行程序段各指令状态和下一程序段的内容。

C. 主程序和子程序。可了解正在执行程序段的具体内容。

⑤在试切过程中，当刀具运行至距工件表面 $30 \sim 50\,mm$ 处时，必须在进给保持下，验证 Z 轴剩余坐标值和 X、Y 轴坐标值与图样是否一致。

⑥对一些有试刀要求的刀具，应采用"渐进"的方法。如镗孔，可先试镗一小段长度，经检测合格后，再镗完整个长度。对于使用刀具半径补偿功能的刀具数据，可由大到小，边试切边修改。

⑦试切和加工中，刃磨刀具和更换刀具辅具后，一定要重新测量刀长并修改好刀具补偿值，检查刀补号。

⑧程序检索时应注意光标所指位置是否合理、正确，并观察刀具与机床运动方向坐标是否正确。

⑨程序修改后，对修改部分一定要仔细计算和认真核对。

⑩手摇进给和手动连续进给操作时，必须检查各种开关所选择的位置是否正确，看清正负方向，认准按键，然后再进行操作。

（3）加工完毕后的操作规范。

①全批零件加工完毕后，应核对刀具号、刀补值，使程序、偏置页面、调整卡及工艺单中的刀具号、刀补值完全一致。

②从刀库中卸下刀具，按调整卡或程序，整理编号入库。

③工艺单和刀具调整卡成套入库。

④卸下夹具。某些夹具应记录安装位置及方位，并做好记录，存档。

⑤清扫机床。

⑥将各坐标轴停在中间位置。

2. 安全生产文明操作要求

（1）工作前必须戴好劳动防护用品，女工要戴好工作帽或发网，不准戴围巾，禁止穿高跟鞋。操作时不得戴手套，不得吸烟，不得与他人闲谈，精力要集中。严禁在车间内嬉戏、打闹。

（2）开动机床前必须检查机床各部位的润滑、防护装置等是否符合要求。

（3）合理选用刀具、夹具。装夹精密工件或较薄、较软工件时，装夹方式要得当，力度要适中，保证装夹安全可靠，不得猛力敲打，可用木槌或加衬垫轻轻敲打。

（4）操作中要时刻观察工件装夹是否有松动，如有松动应立即停机，以防工件脱落伤人。操作中观察工件时，站位要适当。

（5）机床快速移动时，应注意四周情况，防止碰撞。

（6）如遇数控机床电动机异常发热、声音不正常等情况，应立即停机。

（7）操作要文明，机床导轨及工作台上不要随意放置工具、量具和工件。机床运转时，禁止触摸转动部位，也不要将身体靠在机床上。不允许从机床运转部件上方传递物品。

（8）遵守工艺规程，不要任意修改数控系统内制造厂商设定的参数和操作程序。

（9）操作完毕后，擦净机床，清理工作场地，断开电源。

（五）加工中心日常维护与保养

1. 维护保养的有关知识

（1）维护保养的意义。数控机床使用寿命的长短和故障的高低，不仅取决于机床的精度和性能，很大程度上也取决于它的正确使用和维护。正确的使用能防止设备非正常磨损，避免突发故障，精心的维护可使设备保持良好的技术状态，延缓劣化进程，及时发现和消除隐患于未然，从而保障安全运行，保证企业的经济效益，实现企业的经营目标。因此，机床的正确使用与精心维护是贯彻设备管理以防为主的重要环节。

（2）维护保养必备的基本知识。数控机床具有机、电、液集于一体，技术密集和知识密集的特点。因此，数控机床的维护人员不仅要有机械加工工艺及液压、气动方面的知识，也要具备电子计算机自动控制、驱动及测量技术等知识，这样才能全面了解掌握数控机床及做好机床的维护保养工作。维护人员在维修前应详细阅读数控机床有关说明书，对数控机床有一个详细的了解，包括机床结构特点、数控的工作原理及框图，以及它们的电缆连接。

2. 设备的日常维护

对数控机床的日常维护保养的目的是延长元器件的使用寿命、延长机械部件的变换周期、防止发生意外的恶性事故、始终保持良好的状态，并保持长时的稳定工作。不同型号的数控机床的日常保养的内容和要求不完全一样，对于具体事项，机床说明书中都有明确的规定，但总的来说主要包括以下几个方面：

（1）保持良好的润滑状态，定期检查、清洗自动润滑系统，添加或更换油脂、油液，使丝杠、导轨等各运动部件始终保持良好的润滑状态，以降低磨损程度。

（2）进行机械精度的检查调整，以减小各运动部件之间的形状和位置偏差，包括换刀系统、工作台交换系统、丝杠、反向间隙等的检查调整。

（3）经常打扫卫生。机床周围环境太脏、粉尘太多，都会影响机床的正常运行；电路板太脏，可能导致短路现象；油水过滤器、风扇过滤网等太脏，会导致压力不够、散热不好，造成故障。所以，必须定期进行清扫。

3. 数控系统的日常维护

数控系统使用一段时间之后，某些元器件总会老化甚至损坏。为了尽量延长元器件的寿命和零部件的使用周期，防止各种故障，特别是恶性事故的发生，就必须对数控系统进行日常维护。具体的日常维护保养要求，在数控系统的使用、维护说明书中都有明确的规定。概括起来，主要有以下几个方面：

（1）制定操作规程和日常维护的规章制度。

根据各种部件的特点，确定各自的保养条例。如明文规定，哪些地方需要天天清理，哪些部件要定时加温或定期更换，数控系统编程、操作和维护人员必须经过专门技术培训，熟悉所用数控机床数控系统的使用环境、条件等。

（2）应尽量少开数控柜和强电柜的门。

机床加工车间的空气中飘浮着灰尘、油雾和金属粉末，一旦它们落在数控系统内的电路板或电子器件上，就容易引起元器件间绝缘电阻下降，甚至导致元器件及电路板损坏。因此，除了定期维护和维修外，平时应尽量少开数控柜和强电柜的门，更要禁止加工时敞开柜门。

（3）定时清扫数控柜的散热通风系统。

通常安装于电柜门上的热交换器或轴流风扇，能使电控柜内外的空气循环，促使电控柜内的发热装置或元器件散热，所以应每天检查数控柜上的各个冷却风扇工作是否正常。根据工作环境的状况，每半年或每季度检查一次风道过滤器是否有堵塞现象。如果过滤网上灰尘积聚过多，应及时清理，否则将引起数控柜内温度过高而使系统不能可靠运行，甚至引起过热报警。

（4）经常监视数控系统的电网电压。

通常，数控系统允许的电网电压波动范围为额定值的85%～110%，如果超出此范围，会使数控系统不能稳定工作，严重时还会造成重要电子部件损坏。因此，要经常注意电网电压的波动。对于电网质量比较差的地区，应及时配置数控系统用的交流稳压装置，这将使故障率明显降低。

（5）定期检查和更换直流电动机电刷。

直流电动机电刷的过度磨损将会影响电动机的性能，甚至造成电动机损坏。为此，应对电动机电刷进行定期检查和更换。对于数控铣床、加工中心等应每年检查一次。如果更换了电刷，应使电动机空运行磨合一段时间，以使电刷表面与换向器表面接触良好。检查周期随机床使用频繁程度的不同而不同，一般为每半年或一年检查一次。

（6）定期更换存储器用电池。

存储器如采用 CMOS RAM 器件，为了在数控系统不通电期间不丢失保存的内容，内部设有可充电电池维持电路。在正常电源供电时，由 + 5V 电源经一个二极管向 CMOS RAM 供电，并对可充电电池进行充电。当数控系统切断电源时，则改由电池供电来维持 CMOS RAM 内的信息。一般情况下，即使电池未失效，也应每年更换一次，以确保系统能正常工作。另外，一定要注意的是，电池的更换应在数控系统供电状态下进行，这样才不会造成存储参数丢失。一旦参数丢失，在调换新电池后，可将参数重新输入。

（7）数控系统长期不使用时的维护。

为提高数控系统的利用率和减少数控系统的故障，数控机床应满负荷使用，而不要长期闲置。基于某种原因致使数控系统长期闲置时，为了避免数控系统损坏，需注意以下两点：

①要经常给数控系统通电，特别是在环境湿度较大的梅雨季节更应如此。在机床锁住不动（即伺服电动机不转）的情况下，让数控系统空运行，利用电器元件本身的发热来驱散数控系统内的潮气，保证电子器件性能稳定可靠。实践证明，在空气湿度较大的地区，经常通电是降低故障率的一个有效措施。

②如果数控机床的进给轴和主轴采用直流电动机来驱动，应将电刷从直流电动机中取出，以免因化学作用使换向器腐蚀，影响换向性能，甚至损坏整台电动机。

（8）备用电路板的维护。

印制电路板长期不用容易出现故障，因此对所购的备用板应定期装到数控系统中通电运行一段时间。

表 1-4 日常保养一览表

序号	检查周期	检查部位	检查要求
1	每天	导轨润滑油箱	检查油标、油量，及时添加润滑油，润滑泵能定时启动打油及停止
2	每天	X、Y、Z 轴向导轨面	清除切屑及污物，检查润滑油是否充分，导轨面有无划伤损坏
3	每天	压缩空气气源压力	检查气动控制系统压力，应在正常范围
4	每天	气源自动分水滤气器	及时清理分水器中滤出的水分，保证自动
5	每天	气液转换器和增压器油面	发现油面不够时应及时补足油
6	每天	主轴润滑恒温油箱	工作正常，油量充足并调节温度范围
7	每天	机床液压系统	油箱、液压泵无异常噪声，压力指示正常，管路及各接头无泄漏，工作油面高度正常
8	每天	液压平衡系统	平衡压力指示正常，快速移动时平衡阀工作正常
9	每天	CNC 的输入/输出单元	如光电阅读机清洁，机械结构润滑良好

（续上表）

序号	检查周期	检查部位	检查要求
10	每天	各种电气柜散热通风装置	各电柜冷却风扇工作正常，风道过滤网无堵塞
11	每天	各种防护装置	导轨、机床防护罩等应无松动，不漏水
12	每半年	滚珠丝杠	清洗丝杠上旧的润滑脂，涂上新油脂
13	每半年	液压油路	清洗溢流阀、减压阀、滤油器，清洗油箱底，更换或过滤液压油
14	每半年	主轴润滑恒温油箱	清洗过滤器，更换润滑脂
15	每年	检查并更换直流伺服电动机碳刷	检查换向器表面，吹净碳粉，去除毛刺，更换长度过短的电刷，并应跑合后才能使用
16	每年	润滑液压泵，滤油器清洗	清理润滑油池底，更换滤油器
17	不定期	检查各轴导轨上镶条、压滚轮松紧状态	按机床说明书调整
18	不定期	冷却水箱	检查液面高度，切削太脏时需要更换并清理水箱底部，经常清洗过滤器
19	不定期	排屑器	经常清理切屑，检查有无卡住等
20	不定期	清理废油池	及时取走滤油池中废油，以免外溢
21	不定期	调整主轴驱动带松紧	按机床说明书调整

》 练习与思考 》》

1. 简述 FANUC – 0i-MD 数控系统加工中心机床开机、关机的步骤。

2. FANUC – 0i-MD 数控系统加工中心机床有哪几种工作方式操作？

3. FANUC – 0i-MD 数控系统加工中心机床的手动操作有哪几种？如何进行操作？

4. 在 FANUC – 0i-MD 数控系统加工中心机床如何进行程序的搜索、编辑、新程序的录入？

5. 在 FANUC – 0i-MD 数控系统加工中心机床如何建立工件坐标系？

6. 什么是刀具长度补偿？在 FANUC – 0i-MD 数控系统加工中心机床确定刀具长度补偿值有哪几种方法？如何录入？

7. FANUC – 0i-MD 数控系统加工中心机床自动操作有哪几种？如何进行？需要注意哪些方面？

任务 **2** 加工中心编程指令

学习目标

（1）了解加工中心 FANUC – 0i-MD 系统编程常识。

（2）掌握 FANUC – 0i-MD 各功能指令及手工编程基本步骤。

学习内容

一、坐标系

（一）一般概念

坐标系的确定，应遵循假定工件相对静止、刀具相对运动的原则，即不论数控机床是刀具运动还是工件运动，编程时均以刀具的运动轨迹来编写程序，这样可按零件图的加工轮廓直接确定编程加工过程。

标准坐标系符合右手笛卡尔直角坐标系法则。

工件坐标系（WCS）是用来确定工件几何形体上各几何要素的位置而设置的坐标系，工件坐标系的设置是任意的，但应有利于编程并根据加工工艺要求来选定。

（二）绝对坐标系和增量（相对）坐标系

坐标系中，所有的坐标点均以固定的坐标原点为起始点确定的坐标值，这种坐标系称为绝对坐标系。

坐标系中，运动轨迹终点的坐标值是相对于起始点坐标开始的增量值，这种坐标系称为增量（相对）坐标系。增量坐标系的坐标原点是移动的。

二、编程初步

（一）一般概念

数控机床是按照输入 NC（Numerical Control）系统中的程序资料来执行加工的。

为了使机床动作而输入给 NC 指令字的集合称为程序。

指令字由字母、数值、符号组成。字母即地址符，表示一地址，以大写英文字母表示；数值是一个数字串，表示大小的数字可以带正负号和小数点，正号可省略；常用符号如表 1 – 5 所示。

表 1 – 5   常用符号名称及使用

常用符号	名称及使用
(	圆括号开
)	圆括号闭，与圆括号开一起使用表示说明
/	跳过符
–	负号
.	小数点
,	逗号，分隔符
;	程序段结束符
%	程序开始、结束符

把各种指令按照实际要求依序编入程序以完成一定功能的集合称为程序段。

程序段的集合就是程序。

（二）程序的种类

程序分为主程序和子程序两种。

在程序中，同一加工模式多处出现时，可把这种模式编成一个独立的程序，该程序叫作子程序。

相对于子程序，原来的程序称为主程序。

执行主程序的指令时，如果给出"执行子程序的指令"，则执行子程序的指令。子程序的指令执行结束后，再返回执行主程序的指令。执行形式如下：

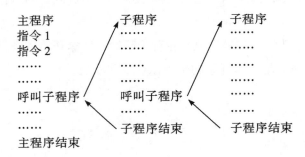

无论是主程序还是子程序，每个程序均应有一个程序号，并且都应输入机床。

（三）程序号、程序段号

为识别每个程序而编的号叫作程序号。

程序号以英文字母"O"加四位数字（1～9999）组成（前置"O"可省略，下同），程序号区域 O9000 ~ O9999 为机床生产厂家用于预先设置在设备内的运行程序。操作者使用的程序号区域为 O1 ~ O8999。

为识别每个程序段而编的号叫作程序段号。

程序段号以英文字母"N"加四位数字组成，如"N10""N9872"。程序段号一般用于反馈不良信息及查询。程序段号可以不连续，以便编辑和更改。

（四）各功能指令

FANUC – 0i-MD 各功能指令如表 1 – 6 所示。

表 1 – 6　各功能指令

功能名称	地址	赋值	含义及说明
准备功能	G	已事先规定	指令机床按设定调用或运行的功能。G 功能分成若干组，一个程序段中只能有一个 G 功能组中的一个 G 功能指令。G 功能分为模态组（指令后在同组的其他 G 代码出现前一直有效）和非模态组（只在所用程序段有效）
辅助功能	M	已事先规定	指令机床某些设备开关动作的功能
刀具功能	T	1 ~ 999（整数）	指令机床选择设定刀具，刀具数量受限于设备刀库，对应于 M6
刀具半径补偿	D	1 ~ 999（整数）	在地址相应位置输入刀具半径值作为调用后的刀具在 X、Y 方向的偏移量，地址数量受限于设备设置，对应于 G41、G42
刀具长度补偿	H	1 ~ 999（整数）	在地址相应位置输入第二把以后的（其余）刀具相对于第一把（基准）刀具的长度差值，作为调用后的刀具在 Z 方向的长度偏移量，地址数量受限于设备设置，对应于 G43、G44
进给功能	F	0.001 ~ 9999.999	刀具/工件的进给速度（进给率），对应于 G1、G2 等三轴的工作进给，最高进给速度由设备限定，单位：mm/min
主轴功能	S	0.001 ~ 9999.999	主轴旋转，最高转速由设备限定，单位：r/min

（五）准备功能指令

FANUC – 0i-MD 常用准备功能指令如表 1 – 7 所示。

表 1-7 准备功能指令

地址	组别	含义及说明	程序格式及说明
G00	01	快速定位	G00 IP__;
G01		直线插补	G01 IP__F__;
G02		顺时针圆弧插补	G02 X__Y__R__F__;（R__或为 I__J__）
G03		逆时针圆弧插补	G03 X__Y__R__F__;（R__或为 I__J__）
G04	00	暂停（延时）	G04 X__;（秒）或 G04 P__;（微秒）
G09		准备停止（到位校验）	G09 IP__;
G17	02	XY 平面指定	G17;
G18		ZX 平面指定	G18;
G19		YZ 平面指定	G19;
G20	06	英制输入	G20;
G21		公制输入	G21;
G27	00	返回参考点	G27 IP__;
G28		通过某一点返回参考点	G28 IP__;
G29		从参考点返回	G29 IP__;
G40	07	刀具半径补偿取消	G40（X__Y__）;
G41		刀具半径左侧补偿	G41 X__Y__D__;
G42		刀具半径右侧补偿	G42 X__Y__D__;
G43	08	刀具长度正补偿	G43 H__Z__;
G44		刀具长度负补偿	G44 H__Z__;
G49		刀具长度补偿取消	G49（Z__）;
G52	00	局部坐标系设定	G52 IP__;
G53		机床坐标系选择	G53 IP__;
G54	14	工件坐标系 1 选择	G54;
G55		工件坐标系 2 选择	G55;
G56		工件坐标系 3 选择	G56;
G57		工件坐标系 4 选择	G57;
G58		工件坐标系 5 选择	G58;
G59		工件坐标系 6 选择	G59;
G60	00	单一方向定位	G60 IP__;
G61	15	准确定位方式	G61;
G64		连续切削方式	G64;

（续上表）

地址	组别	含义及说明	程序格式及说明
G73		深孔钻循环	G73 X__Y__Z__R__Q__F__;
G74		反攻丝循环	G74 X__Y__Z__R__P__F__;
G76		精镗	G76 X__Y__Z__R__Q__P__F__;
G80		固定循环取消	G80;
G81		钻削循环（锪孔）	G81 X__Y__Z__R__F__;
G82		钻削循环（镗阶梯孔）	G82 X__Y__Z__R__P__F__;
G83	09	深孔钻循环	G83 X__Y__Z__R__Q__F__;
G84		攻丝循环	G84 X__Y__Z__R__P__F__;
G85		镗孔循环	G85 X__Y__Z__R__F__;
G86		镗孔循环	G86 X__Y__Z__R__P__F__;
G87		反镗孔循环	G87 X__Y__Z__R__Q__F__;
G88		镗孔循环	G88 X__Y__Z__R__P__F__;
G89		镗孔循环	G89 X__Y__Z__R__P__F__;
G90	03	绝对坐标输入	G90;
G91		增量坐标输入	G91;
G92	00	工件坐标系	G92 X__Y__Z__;
G94	05	每分钟进给	G94;
G98	10	完成循环指令后返回初始平面	G98（后接 09 组的循环指令）;
G99		完成循环指令后返回 R 点平面	G99（后接 09 组的循环指令）;

注：

1. 00 组 G 代码为非模态 G 代码，其余都是模态 G 代码；

2. 地址数字中的前置 0 可以省略，如 G00 可以为 G0，G02 可以为 G2；

3. G00 指令的坐标每一方位独立按设备指定的速度快速完成移动；G01 指令按始点、终点之间的最短距离用 F 速度切削进给；

4. 14 组的工件坐标系是工件原点对于机床原点的偏移量；G92 指令的工件坐标系是刀具某一点如刀尖位置相对于工件坐标系原点的有向距离，需运行 G92 X__Y__Z__由三坐标值指令设立，设立后一直受其控制；

5. IP 为 X__、Y__、Z__三者之间的任意组合；

6. 09 组中的"Z__"为最终切削深度。

（六）辅助功能指令

FANUC – 0i-MD 常用辅助功能指令如表 1 – 8 所示。

表 1-8　辅助功能指令

地址	含义及说明	地址	含义及说明
M00	程序暂停	M06	换刀
M01	程序有条件暂停	M08	切削液开
M02	程序结束，数控系统原位停止	M09	切削液关
M03	主轴正转	M30	程序结束，数控系统返回程序源头
M04	主轴反转	M98	呼叫子程序（指令在主程序中）
M05	主轴停止	M99	返回主程序（指令在子程序尾）

（七）其他地址功能

FANUC-0i-MD 其他常用地址功能如表 1-9 所示。

表 1-9　其他地址功能

地址	含义及说明
X	指令终点 X 坐标值
Y	指令终点 Y 坐标值
Z	指令终点 Z 坐标值
R	1. 用于非整圆插补中指令圆弧半径，小于等于半圆取正，大于等于半圆取负； 2. 固定循环格式中用于指令 R 点平面（自快进转为工进之平面）
I	圆或圆弧插补中指令起点到圆心在 X 坐标轴上的增量值
J	圆或圆弧插补中指令起点到圆心在 Y 坐标轴上的增量值
K	1. 圆或圆弧插补中指令起点到圆心在 Z 坐标轴上的增量值； 2. 固定循环格式中用于指令循环次数
P	1. 指令所调用的子程序号； 2. 固定循环格式中用于指令在 Z 深度暂停及 G04 指令暂停的时间（微秒）
Q	循环间歇进给时指令每次加工深度或镗削循环中的退刀量
L	指令调用子程序的次数

注：各地址赋值范围及精度由设备确定。目前一般数控设备的通用精度为 1 微米。

三、程序结构

以两把刀进行平面外轮廓加工为例，一般程序结构如表 1-10 所示。

表 1 – 10　程序结构

序号	内容	形式
1	程序号	O＿＿ ＿ ＿ ＿ ＿ ；
2	公（英）制设置	N＿＿G21（G20）；
3	安全设置	N＿＿G0 G17 G40 G49 G80 G90 G54；
4	换刀	N＿＿M6 T1；
5	开主轴并 X、Y 定位（在工件外部）	N＿＿G0 G90 X＿＿Y＿＿S＿＿M3；
6	冷却液开（按需要）	N＿＿M8；
7	主轴下刀到安全高度	N＿＿Z＿＿；（远离工件表面 50 mm 以上）
8	主轴下刀到下刀位	N＿＿Z＿＿；（离加工位 2～3 mm）
9	下刀（工进）	N＿＿G1（G2、G3…）Z＿F＿＿；（按工艺要求确定）
10	半径补偿并偏移到工进位	N＿＿G41（G42）D＿＿X＿＿（Y＿＿）；
11	加工（结束在工件外部）	N＿＿G1（G2、G3…）X＿＿Y＿F＿＿；
12	取消半径补偿	N＿＿G40 X＿＿Y＿＿；（定在下一个下刀位）
13	提刀	N＿＿G1 Z＿F＿＿；（G0 Z＿＿；）
14	冷却液关（按需要）	N＿＿M9；
15	关主轴	N＿＿M5；
16	主轴返回参考点	N＿＿G91 G28 Z0.；
17	换刀（同序号 4）	N＿＿M6 T2；
18	（同序号 5）	
19	（同序号 6）	
20	刀具长度补偿到安全高度	N＿＿G43 H＿Z＿＿；（远离工件表面 50 mm 以上）
21	（同序号 8）	
22	（同序号 9）	
23	（同序号 10）	
24	（同序号 11）	
25	（同序号 12）	N＿＿G40；
26	（同序号 13）	
27	取消长度补偿	N＿＿G49；
28	（同序号 14）	
29	（同序号 15）	
30	（同序号 16）	
31	结束	N＿＿M30（M02）；

四、编程实例

例题一： 某工件如图 1-104 所示，现有两把刀具，T1 为 $\varnothing 12\,mm$ 三刃立铣刀，T2 为 $\varnothing 6\,mm$ 钻头。要求：

（1）建立工件坐标系，在图上标出；

（2）进行必要的数值计算，标出所需相应点的坐标值；

（3）拟定所需刀具的补偿编号及必要的补偿数值；

（4）用加工中心 FANUC-0i-MD 程序语言编写加工工件上表面 5 mm 深几何图形部分及 $\varnothing 6\,mm$ 孔的加工总程序。

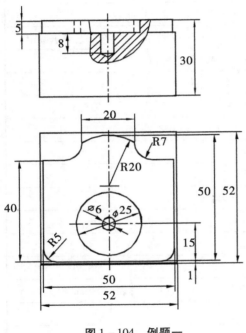

图 1-104　例题一

解：（1）（2）工件坐标系、必要的数值计算如图 1-105 所示（工件坐标系原点一般用符号 "⊕" 表示）。

（3）设 T1 刀具（$\varnothing 12\,mm$）的刀具半径补偿代号为 D11 = 6；T2 刀具（$\varnothing 6\,mm$）的刀具长度补偿代号为 H21。

（4）编写加工程序如下：

O1201；

N10 G21；

N20 G0 G17 G40 G49 G80 G90 G54；

N30 M6 T1；

N40 G0 G90 X-40 Y50 S1000 M3；

N50 M8；

N60 Z50；

N70 Z2；

N80 G1 Z-5 F200；

N90 G42 D11 X-25；

N100 Y5 F300；

N110 G3 X-20 Y0 R5；

N120 G1 X20；

N130 G3 X25 Y5 R5；

N140 G1 Y40；

N150 X17；

N160 G2 X10 Y47 R7；

N170 G1 Y47.32；

N180 G3 X-10 R20；

N190 G1 Y47；

N200 G2 X – 17 Y40 R7；

N210 G1 X – 40；

N220 G0 Z2；

N230 G40；

N240 X6 Y15；

N250 G1 X – 6 Z – 1 F200；

N260 X6 Z – 3；

N270 X – 6 Z – 5；

N280 X6.5 F300；

N290 G2 X6.5 Y15 I – 6.5 J0；

N300 G1 Z10 F1500；

N310 M9；

N320 M5；

N330 G91 G28 Z0；

N340 M6 T2；

N350 G0 G90 X0 Y15 S400 M3；

N360 M8；

N370 G43 H21 Z50；

N380 G98 G73 X0 Y15 R – 3 Z – 14.73 Q3 F100；

N390 G80；

N400 M9；

N410 M5；

N420 G91 G28 Z0；

N430 M30；

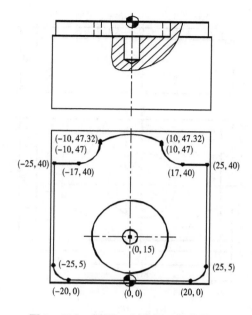

图 1 – 105　例题一之坐标系及数值

例题二： 某工件如图 1 – 106 所示，现有两把铣刀，T1 为 ⌀16 mm 三刃立铣刀用于粗加工，T2 为 ⌀16 mm 四刃立铣刀用于精加工。要求：

（1）建立工件坐标系，在图上标出；

（2）进行必要的数值计算，标出所需相应点的坐标值；

（3）拟定所需刀具的补偿编号及必要的补偿数值；

（4）用加工中心 FANUC – 0i-MD 程序语言编写加工工件上表面 5 mm 深几何图形部分的粗、精加工总程序。

解：（1）（2）工件坐标系、必要的数值计算如图 1 – 107 所示。

（3）设 T1 刀具（⌀16 mm）的刀具半径补偿代号为 D16 = 8.3；T2 刀具（⌀16 mm）的刀具半径补偿为 D26 = 8；刀具长度补偿代号为 H36。

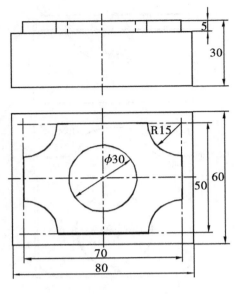

图 1 - 106 例题二

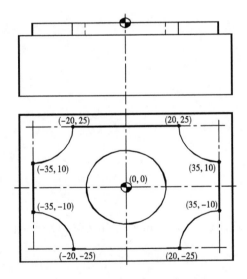

图 1 - 107 例题二之坐标系及数值

（4）编写加工程序如下：

O1206；

N10 G21；

N20 G0 G17 G40 G49 G80 G90 G54；

N30 M6 T1；

N40 G0 G90 X - 55 Y25 S800 M3；

N50 M8；

N60 Z50；

N70 Z2；

N80 G1 Z - 4.8 F200；

N90 G42 D16 X - 35；

N100 M98 P1406；

N110 G1 X6.7 Z0 F200；

N120 X - 6.7 Z - 1.6；

N130 X6.7 Z - 3.2；

N140 X - 6.7 Z - 4.8；

N150 G3 I6.7 J0；

N160 G1 Z20 F1500；

N170 M9；

N180 G40 X - 55 Y25；

N190 M5；

N200 G91 G28 Z0；

N210 M6 T2；

N220 G0 G90 X - 55 Y25 S1600 M3；

N230 M8；

N240 G43 H36 Z50；

N250 Z2；

N260 G1 Z - 5 F200；

N270 G42 D26 X - 35；

N280 M98 P1406；

N290 G1 X - 6 Y0 F200；

N300 Z - 4；

N310 X - 7 Z - 5.；

N320 G3 I7 J0；

N330 G1 Z20 F1500；

N340 M9；

N350 G40 X0 Y0；

N360 M5；

N370 G91 G28 Z0；

N380 M30；

O1406；

N10 Y－10；

N20 G2 X－35 Y－40 I0 J－15；

N30 X－20 Y－25 I0 J15；

N40 G1 X20；

N50 G2 X35 Y－40 I15 J0；

N60 X35 Y－10 I0 J15；

N70 G1 Y10；

N80 G2 X35 Y40 I0 J15；

N90 X20 Y25 I0 J－15；

N100 G1 X－20；

N110 G2 X－35 Y40 I－15 J0；

N120 X－35 Y10 I0 J－15；

N130 G1 X－55；

N140 Z10 F1500；

N150 G40 X－6.7 Y0；

N160 Z2；

N170 M99；

▶▶ 练习与思考 ▶▶

1. 工件坐标系 G55 等可用于什么场合？

2. 粗加工如何利用刀具半径补偿设置精加工余量？

3. 某工件如右图所示，现有两把刀具，T1 为 ∅12 mm 三刃立铣刀，T2 为 ∅6 mm 钻头。要求：

（1）建立工件坐标系，在图上标出；

（2）进行必要的数值计算，标出所需相应点的坐标值；

（3）拟定所需刀具的补偿编号及必要的补偿数值；

（4）用加工中心 FANUC－0i-MD 程序语言编写加工工件上表面 5 mm 深几何图形部分及 2－∅6 孔的加工总程序。

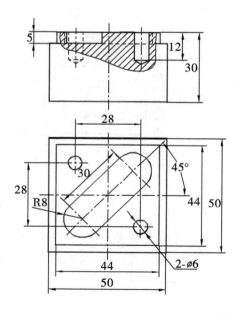

加工中心三轴加工

任务 **1**　项目加工 （一）

▶ 学习目标 ▶▶

（1）了解工艺方案制订的方法。
（2）掌握二维轮廓构图、三维线框、三维实体造型的方法。
（3）掌握刀具路径、加工方式及工艺参数的选择。
（4）掌握后处理生成 NC 程序的方法。

▶ 学习内容 ▶▶

一、工艺方案制订

（一）零件图分析

加工零件如图 2 - 1 所示。

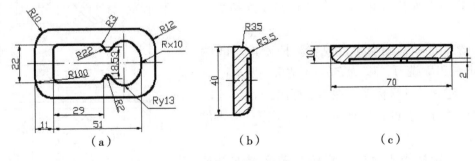

（a）　　　　　　　　（b）　　　　　　　　（c）

图 2 - 1　零件图

1．毛坯材料要求

毛坯大小：75 mm × 45 mm × 20 mm（表面粗糙度 Ra 3.2）。

工件材料：硬铝。

2．零件尺寸及表面粗糙度要求

以曲面加工为主，零件尺寸按 IT12 精度加工，表面粗糙度 $Ra1.6$。

（二）工艺分析

零件形状和位置精度要求不高，可采用普通平口钳装夹，毛坯要高出钳口不少于 15 mm。可先对顶面、曲面和内腔轮廓进行粗加工，再对曲面和内腔轮廓进行精加工。曲面根部（约 4 mm）无法用球刀加工，只能用平刀精铣，其余曲面用球刀加工。底部不加工。

（三）工艺设置

1．机床

采用 GVM750 加工中心，FANUC – 0i-MD 系统。

2．夹具

采用普通平口钳。

3．刀具

刀具卡片如表 2 – 1 所示。

表 2 – 1　加工中心刀具卡片

刀具号	刀具规格名称	加工内容	主轴转速 （r/min）	进给量 （mm/min）	长度 补偿号
T1	∅12 mm 四刃立铣刀	粗铣曲面及挖槽	1 000	400	H1
T2	∅10 mm 四刃立铣刀	精铣曲面根部及半精挖槽	2 000	250	H2
T3	∅6 mm 四刃立铣刀	精铣内腔轮廓	2 500	300	H3
T4	∅6 mm 球刀	精铣曲面	3 000	800	H4

二、CAD

（一）底部二维线框造型

设置构图面及视角为俯视图，"Z" 深度设为 – 10。

在主功能表中依次选择 "C 绘图" → "L 直线" → "H 水平线" → "K 任意点"，用鼠标在绘图区分别单击两点，输入 Y 轴坐标：0，回车，完成一条水平直线绘制。

在主功能表中依次选择 "C 绘图" → "R 矩形" → "1 一点"，在 "绘制矩形：一点" 对话框中，输入矩形宽度 70，高度 40，点的位置选择矩形中心，单击 "O 确定"，选择 "O 原点"，完成图形绘制如图 2 – 2 所示。

回主功能表，依次选择"C 绘图"→"A 圆弧"→"T 切弧"→"C 中心线"，选取要与圆相切的线 P1，指定要让圆心经过的线 P2，输入圆的半径 100，回车，单击右端圆作为要保留的圆弧，完成图形如图 2 – 3 所示。

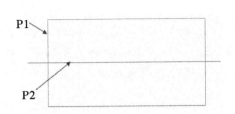

图 2 – 2　绘制矩形

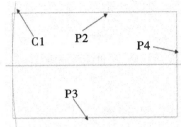

图 2 – 3　绘制切弧

在主功能表中依次选择"C 绘图"→"F 倒圆角"→"R 圆角半径"，输入圆角半径 10，回车；"A 圆角角度"为 S（小于 180°），"T 修剪方式"为 Y（修剪圆角），分别选取圆弧 C1 和直线 P2、圆弧 C1 和直线 P3 进行倒圆角；选择"R 圆角半径"，输入圆角半径 12，回车，选择直线 P4 和 P2、P4 和 P3 进行倒圆角，完成底部二维线框图形如图 2 – 4 所示。

图 2 – 4　底部二维线框图

（二）曲面截面二维线框造型

设置构图面及荧幕视角为前视图，绘图深度"Z"为 0。

在主功能表中依次选择"C 绘图"→"L 直线"→"H 水平线"→"K 任意点"，用鼠标在工作区分别单击两点，输入 Y 轴坐标 0，回车，完成一条水平直线绘制。

回上层功能表，依次选择"V 垂直线"→"K 任意点"，用鼠标在工作区分别单击两点，输入 X 轴坐标 – 35，回车，完成一条垂直线绘制。

图 2 – 5　绘制曲面截面切弧

回主功能表，依次选择"C 绘图"→"A 圆弧"→"T 切弧"→"1 切一个物体"，选取圆弧所切的物体"垂直线"，指定切点为"垂直线与下面水平线的交点"，输入半径 35，回车，单击右端上面圆弧保留，完成图形如图 2 – 5 所示。

回主功能表，依次选择"M 修整"→"T 修剪延伸"→"1 单一物体"，用上面水平线修剪 R35 的圆弧，保留左下方 R35 的圆弧。

回主功能表，依次选择"C 绘图"→"F 倒圆角"→"R 圆角半径"，输入圆角半径 5.5，回车，选择"T 修剪方式"为 N（不修剪圆角），选取上面水平线和 R35 圆弧，完成倒圆角操作。

回主功能表，依次选择"M 修整"→"T 修剪延伸"→"2 两个物体"，分别选取垂直线和上面水平线、R35 圆弧和 R5.5 圆弧进行图素修剪；"1 单一物体"，分别选取上水平线和 R5.5 圆弧、垂直线与 R100 圆弧进行图素修剪。

设置荧幕视角为等角视图，完成图形如图 2-6 所示。

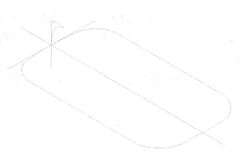

图 2-6　曲面截面二维线框

（三）内腔轮廓二维线框造型

设置构图面及视角为俯视图，"Z" 深度设为 -2。

在主功能表中依次选择 "C 绘图" → "L 直线" → "L 平行线" → "S 方向/距离"，选取图形最左端垂直线，在直线右边空白处单击鼠标，输入距离 11，回车，完成一条垂直线绘制，重复以上操作，分别输入距离 40、52、62，完成另外三条垂直线绘制。

选取图形中间水平线，分别单击上、下两边，输入距离 11、9.265，完成四条水平线绘制。完成图形如图 2-7 所示。

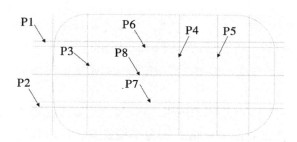

图 2-7　绘制辅助垂直线和水平线

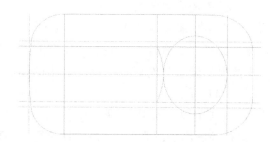

图 2-8　绘制椭圆和切弧

回主功能表，依次选择 "C 绘图" → "N 下一页" → "E 椭圆"，在 "绘制椭圆" 对话框中设置 X 轴半径 10，Y 轴半径 13，起始角度 0，终止角度 360，旋转 0，单击 "O 确定"，选择 "I 交点"，分别单击直线 P5 和 P8，完成椭圆绘制。

回上层功能表，依次选择 "C 绘图" → "A 圆弧" → "E 两点画弧" → "I 交点"，分别选取直线 P6 和 P4 的交点、P7 和 P4 的交点，输入圆弧半径为 22，选取左圆右侧两交点间圆弧保留。完成图形绘制如图 2-8 所示。

回主功能表，依次选择 "M 修整" → "B 打断" → "2 打成两段"，选择圆弧 R22，指定断点在圆弧和椭圆的交点处，选择椭圆，指定断点在圆弧和椭圆的交点处，完成圆弧和椭圆的打断操作。

回主功能表，依次选择 "C 绘图" → "F 倒圆角" → "T 修整方式" 为 N → "R 圆角半径"，输入圆角半径 3，回车，分别选择直线 P3 和直线 P1、直线 P3 和直线 P2、直线 P1 和圆弧 R22、直线 P2 和圆弧 R22，完成 4 个 R3 的圆弧倒圆角操作。选择 "R 圆角半径"，输入圆角半径 2，回车，分别选择圆弧 R22 的上半部分和椭圆的上半部分、圆弧 R22 的下半部分和椭圆的下半部分，完成两个 R2 圆弧倒角操作，删除多余的辅助线，得到图形如图 2－9 所示。

荧幕视角为等角视图，可见到三维线框图形如图 2－10 所示。

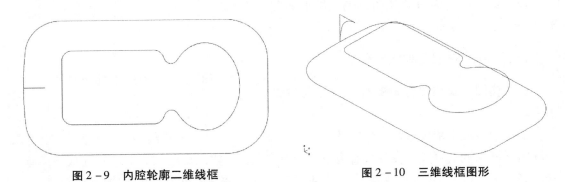

图 2－9　内腔轮廓二维线框　　　　　　图 2－10　三维线框图形

（四）三维实体造型

设置荧幕视角为等角视图。

在主功能表中依次选择"O 实体"→"E 挤出"→"C 串连"，选择底部封闭矩形轮廓，选择"D 执行"→通过"R 全部换向"使挤出方向为＋Z 方向→"D 执行"，在"实体挤出的设置"对话框中设置挤出的距离为 10，单击"O 确定"按钮，完成挤出实体如图 2－11 所示。

主功能表区依次选择"W 扫掠"→"C 串连"，选择封闭轮廓曲面截面二维线框作为"要扫掠的串连图素"，选择"D 执行"，选择底部封闭矩形轮廓作为"扫掠路径的串连图素"，在"实体扫掠的设置"对话框中扫掠的操作栏选择"切割主体"，单击"O 确定"按钮，完成扫掠切割实体如图 2－12 所示。

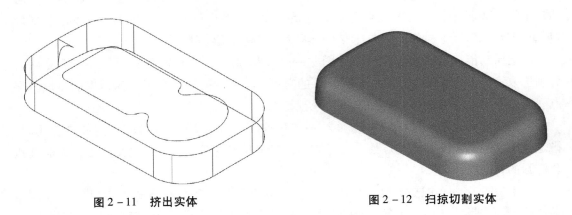

图 2－11　挤出实体　　　　　　　　图 2－12　扫掠切割实体

主功能表区依次选择"E 挤出"→"C 串连"，选择内腔二维线框图形轮廓，选择

"D 执行"→通过"R 全部换向"使挤出方向为 +Z 方向→"D 执行",在"实体挤出的设定"对话框中设置实体挤出操作为"切割实体"和"全部贯穿",单击"O 确定"按钮。完成实体切割操作如图 2－13 所示。

图 2－13　零件三维实体

三、CAM

(一)上表面粗加工

设置构图面为俯视图,荧幕视角为等角视图。

在主功能表中依次选择"O 实体"→"M 实体管理员",弹出"实体管理"对话框,将鼠标移至"挤出切割",按鼠标右键,弹出下拉菜单,选取"S 隐藏",如图 2－14 所示隐藏内腔。

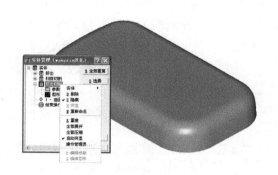

图 2－14　隐藏内腔

在主功能表中依次选择"T 刀具路径"→"F 平面铣削"→"O 实体"→"F 实体表面 Y",点击实体上表面,选择实体上表面作为加工面。

选择"D 执行"→"D 执行",在图 2－15 所示的"平面铣削"的"刀具参数"对话框中选择刀具为 12 mm 平刀,其他切削用量参数设置见对话框。

选择"面铣之加工参数"对话框,设置参考高度为 50,进给下刀位为 5,Z 方向预留量为 0.2,其他参数按要求设置,如图 2－16 所示。

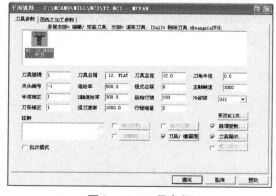

图 2－15　刀具参数

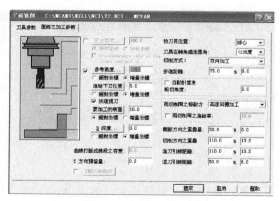

图 2－16　面铣之加工参数

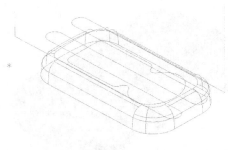

图 2-17　平面铣削粗加工刀具路径

单击"确定"按钮，完成平面铣削粗加工刀具路径如图 2-17 所示。

（二）曲面粗加工

在主功能表区依次选择"U 曲面加工"→"R 粗加工"→"C 等高外形"→"S 实体"→"S 实体主体 Y"，点击实体，选择实体面作为加工面。

选择"D 执行"→"D 执行"，在图 2-18 所示"曲面粗加工—等高外形"的"刀具参数"对话框中选择刀具为 12 mm 平刀，其他切削用量参数设置见对话框。

选择"曲面加工参数"对话框，设置参考高度为 50，进给下刀位为 5，加工曲面预留量为 0.2，如图 2-19 所示。

选择"等高外形粗加工参数"对话框，设 Z 轴最大进给量为 1，两区段间的路径"打断"，其他各参数设置如图 2-20 所示。

单击"确定"按钮，选择"D 执行"，完成等高外形粗加工刀具路径如图 2-21 所示。

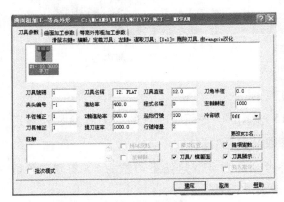

图 2-18　刀具参数

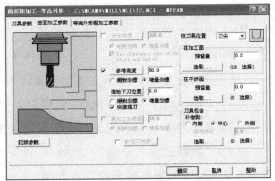

图 2-19　曲面加工参数

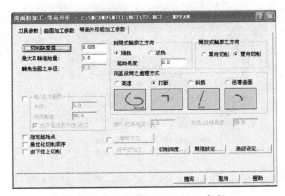

图 2-20　等高外形粗加工参数

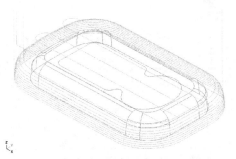

图 2-21　等高外形粗加工刀具路径

（三）内腔粗加工

回上层功能表区依次选择"C 外形铣削"→"C 串连"，选择内腔二维线框图形轮廓，选择"D 执行"，在图 2 - 22 所示的"外形铣削（2D）"的"刀具参数"对话框中选择刀具为 12 mm 平刀，其他切削用量参数设置见对话框。

选择"外形铣削参数"对话框，设置参考高度为 50，进给下刀位为 5，XY、Z 方向预留量为 0.2，选择螺旋式渐降斜插外形铣削方式，在弹出的"外形铣削之螺旋式渐降斜插"中设定斜插深度为 2，如图 2 - 23 所示，按"O 确定"返回，其他各参数设置如图 2 - 24 所示。单击"确定"按钮，完成外形铣削刀具路径如图 2 - 25 所示。

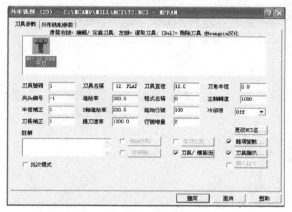

图 2 - 22　刀具参数

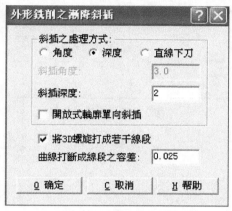

图 2 - 23　外形铣削之螺旋

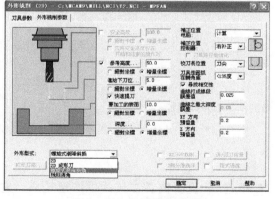

图 2 - 24　外形铣削参数

图 2 - 25　外形铣削刀具路径

（四）上表面精加工

在主功能表区依次选择"F 平面铣削"→"O 实体"→"F 实体表面 Y"，点击实体上表面，选择实体上表面作为加工面。

选择"D 执行"→"D 执行",在图 2 - 26 所示"平面铣削"的"刀具参数"对话框中选择刀具为 10 mm 平刀,其他切削用量参数设置见对话框。

选择"面铣之加工参数"对话框,设置参考高度为 50,进给下刀位为 5,Z 方向预留量为 0,如图 2 - 27 所示,其他切削用量参数设置见对话框。

单击"确定"按钮,完成平面铣削精加工刀具路径如图 2 - 28 所示。

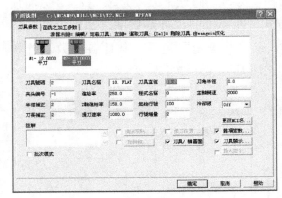

图 2 - 26　刀具参数

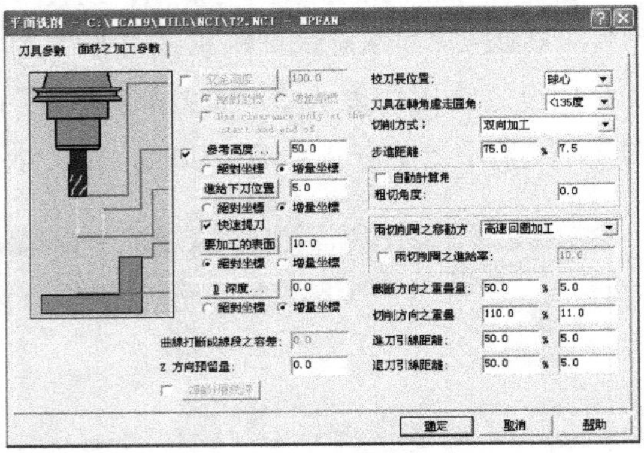

图 2 - 27　面铣之加工参数

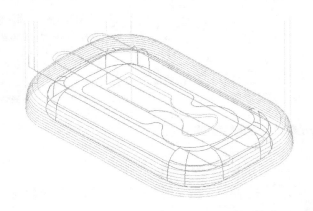

图 2 - 28　平面铣削精加工刀具路径

(五)内腔半精加工

在主功能表区依次选择"P 挖槽"→"C 串连",选择内腔二维线框图形轮廓,选择"D 执行",在图 2 - 29 所示的"挖槽(一般挖槽)"的"刀具参数"对话框中选择刀具为 10 mm 平刀,其他切削用量参数设置见对话框。

选择"挖槽参数"对话框,设置参考高度为 50,进给下刀位为 5,XY 方向预留量为 0.1,Z 方向预留量为 0,如图 2 - 30 所示,其他切削用量参数设置见对话框。

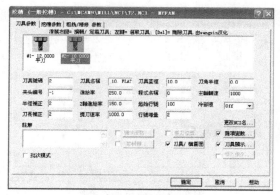

图 2-29　刀具参数

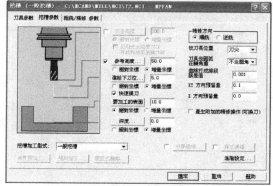

图 2-30　挖槽参数

选择"粗铣/精修 参数"对话框，选取切削方式为"等距环切"，如图 2-31 所示，其他切削用量参数设置见对话框。

单击"确定"按钮，完成挖槽加工刀具路径如图 2-32 所示。

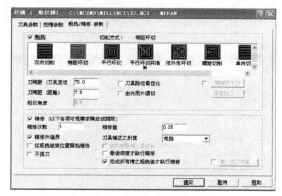

图 2-31　粗铣/精修参数

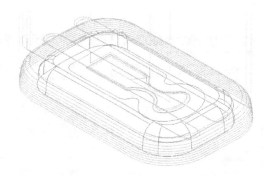

图 2-32　挖槽加工刀具路径

（六）曲面根部精加工

在主功能表区依次选择"U 曲面加工"→"F 精加工"→"C 等高外形"→"S 实体"→"S 实体主体 Y"，点击实体，选择实体面进行精加工。选择"D 执行"→"D 执行"，在"刀具参数"对话框中选择刀具为 10 mm 平刀，如图 2-33 所示，其他切削用量参数设置见对话框。

选择"曲面加工参数"对话框，设置参考高度为 50，进给下刀位为 5，加工曲面预留量为 0，如图 2-34 所示。

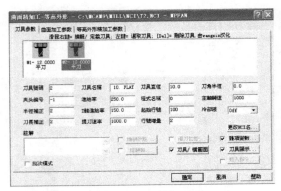

图 2-33　刀具参数　　　　　　　　　　图 2-34　曲面加工参数

选择"等高外形精加工参数"对话框，设置 Z 轴最大进给量为 0.15，两区段间的路径"打断"，选择"由下往上切削"，其他各参数设置如图 2-35 所示。"切削深度"为 -10 至 -5，如图 2-36 所示。

单击"确定"按钮，选择"D 执行"，完成曲面根部等高外形精加工刀具路径如图 2-37 所示。

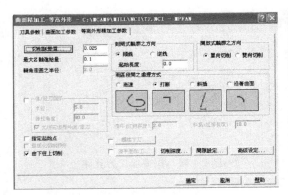

图 2-35　等高外形精加工参数

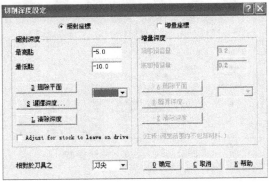

图 2-36　切削深度

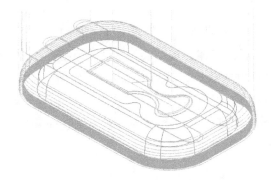

图 2-37　曲面根部等高外形精加工刀具路径

(七) 曲面上部精加工

回上层功能表依次选择"U 曲面加工"→"F 精加工"→"C 等高外形"→"S 实体"→"S 实体主体 Y",点击实体,选择实体面进行精加工。选择"D 执行"→"D 执行",在"刀具参数"对话框中选择刀具为 6mm 球刀,如图 2-38 所示,其他切削用量参数设置见对话框。

选择"曲面加工参数"对话框,设置参加高度为 50,进给下刀位为 5,加工曲面预留量为 0,如图 2-39 所示。

选择"等高外形精加工参数"对话框,设置 Z 轴最大进给量为 0.15,两区段间的路径"打断",选择"由下往上切削",其他各参数设置如图 2-40 所示。"切削深度"为 -7 至 0,如图 2-41 所示。

图 2-38 刀具参数

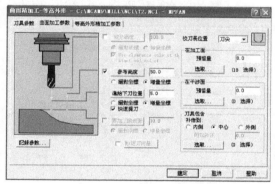

图 2-39 曲面加工参数

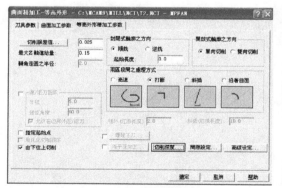

图 2-40 等高外形精加工参数

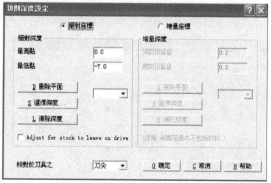

图 2-41 切削深度

单击"确定"按钮,选择"D 执行",完成曲面上部等高外形精加工刀具路径如图 2-42 所示。

图 2 – 42　曲面上部等高外形精加工刀具路径

（八）内腔精加工

回上层功能表依次选择"C 外形铣削"→"C 串连"，选择内腔二维线框图形轮廓，选择"D 执行"，在图 2 – 43 所示的"外形铣削（2D）"的"刀具参数"对话框中选择刀具为 6 mm 平刀，其他切削用量参数设置见对话框。

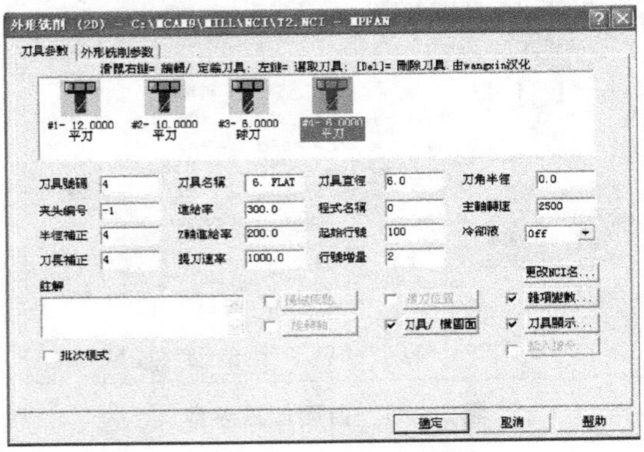

选择"外形铣削参数"对话框，设置参考高度为 50，进给下刀位为 5，XY、Z 方向预留量为 0，选择"2D"铣削方式，其他各参数设置如图 2 – 44 所示。单击"确定"按钮，完成外形铣削刀具路径如图 2 – 45 所示。

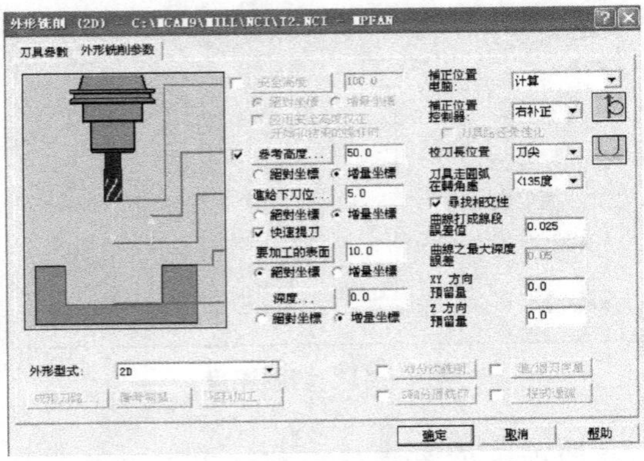

图 2 – 43　刀具参数

图 2 – 44　外形铣削参数

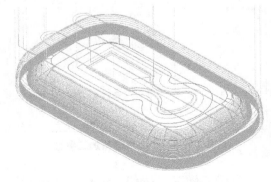

图 2 – 45　外形铣削刀具路径

（九）仿真加工

在主功能表中依次选择"T刀具路径"→"J工作设定"，在弹出的对话框中设置工件毛坯大小为 X75，Y45，Z20。设置工件原点为 X0，Y0，Z1，勾选"显示工件"，其他参数取默认值，单击"O确定"按钮，完成工作设定，如图 2 - 46 所示。完成后生成如图 2 - 47 所示的工件毛坯（隐藏刀具路径）。

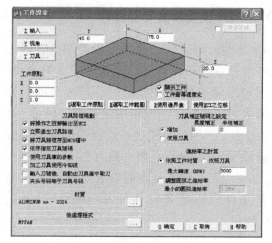

图 2 - 46 工作设定

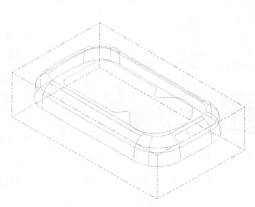

图 2 - 47 工件毛坯显示

在主功能表中依次选择"T刀具路径"→"O操作管理"，在弹出的对话框中选择"S全选"→"V实体验证"，如图 2 - 48 所示。点击▷，仿真加工开始，完成后仿真效果如图 2 - 49 所示。

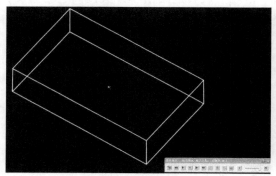

图 2 - 48 仿真准备

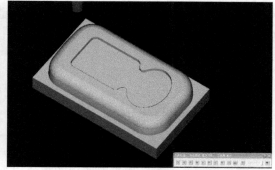

图 2 - 49 仿真完成

（十）后处理

在主功能表中依次选择"T刀具路径"→"O操作管理"，在弹出的对话框中选择"S全选"→"P后处理"。

四、零件加工

（一）平口钳固定钳口校正及工件装夹

用百分表来找正平口钳固定钳口，并把工件装夹在平口钳上，工件上表面距离钳口约 15 mm。

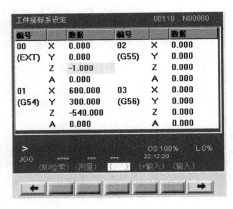

图 2 – 50　工件坐标系偏移

（二）对刀及测量长度补偿操作

在 CAD 造型时以工件上表面中心为原点，因此在建立工件坐标系时必须以工件上表面中心为原点。工件上表面和四周边都需要加工，可采用基准刀轻碰工件表面来对刀。由于曲面精加工是用 ∅10 mm 平刀和 R3 球刀加工，因此对长度补偿值的测量精度要求较高，建议采用 Z 轴设定器来测量各刀具的的长度补偿值。为了保证工件上表面能有足够的加工余量，可以把工件坐标系 Z 轴往负方向偏移 – 1 mm，如图2 – 50 所示。

（三）DNC 加工

将机床快速进给倍率开关打到 F0 挡位，进给倍率开关打到 50% 处，按 DNC 运行的操作步骤，用单程序段运行方式观察对刀、长度补偿值、前面几个程序段是否正确。如果无误，就可以在程序将要切入工件时开冷却液并取消单步操作，让程序自动运行并将快速进给倍率开关打到 F25 或 F50 挡位，慢慢（一格一格地）旋转进给倍率开关提高进给速度，观察切削情况（听切削声音）是否正常来确定进给速度，要不断观察冷却是否正常，直到加工完毕。

五、相关知识

（一）视图的基本知识

1. 基本视图

将机件向基本投影面投射所得的视图称为基本视图。

表示一个机件可以有六个基本投射方向，如图 2 – 51（a）所示，相应地有六个与基本投射方向垂直的基本投影面。基本视图是物体向六个基本投影面上投射所得的视图。空间的六个基本投影面可设想围成一个正六面体，为使其上的六个基本视图位于同一平面内，可将六个基本投影面按图 2 – 51（b）所示的方法展开。

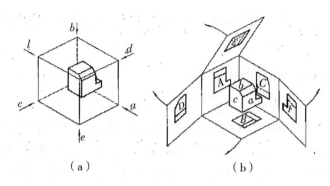

（a） （b）

图 2-51 六个基本视图

六个基本视图的名称和投影方向为：

主视图——由前向后投影所得的视图；

俯视图——由上向下投影所得的视图；

左视图——由左向右投影所得的视图；

右视图——由右向左投影所得的视图；

仰视图——由下向上投影所得的视图；

后视图——由后向前投影所得的视图。

六个基本视图之间仍保持着与三视图相同的投影规律，即主、俯、仰、（后）长对正；主、左、右、后高平齐；俯、左、仰、右宽相等。六个基本视图中，最常应用的是主、俯、左三个视图，各视图的采用应根据机件形状特征而定。

2. 向视图

向视图是可以移位配置的基本视图。当某视图不能按投影关系配置时，可按向视图绘制。

3. 局部视图

机件的某一部分向基本投影面投影而得的视图称为局部视图。局部视图是不完整的基本视图。利用局部视图，可以减少基本视图的数量，补充基本视图尚未表达清楚的部分。

4. 斜视图

机件向不平行于任何基本投影面的平面投影所得的视图，称为斜视图。

5. 全剖视图

用剖切面（一般为平面，也可为柱面）完全地剖开机件所得的剖视图，称为全剖视图。全剖视图一般用于表现内形复杂的不对称机件和外形简单的对称机件。

6. 半剖视图

当机件具有对称平面图时，在垂直于对称平面的投影面上投影所得的图形，可以对称中心线为界，一半画成剖视图，另一半画成视图，这种图形称为半剖视图。

半剖视图既充分地表达了机件的内部形状，又保留了机件的外部形状，所以它是内外形状都比较复杂的对称机件常采用的表现方法。

7. 局部剖视图

用剖切平面局部地剖开机件所得的剖视图，称为局部剖视图。局部剖视图既能把机件局部的内部形状表现清楚，又能保留机件的某些外形，其剖切范围可根据需要而定，是一种很灵活的表现方法。

（二）尺寸、偏差、公差及形位公差

1. 有关尺寸的术语及定义

（1）尺寸。尺寸是指用特定单位表示长度值的数值。长度值包括直径、半径、宽度、深度、高度、中心距等。在机械制造中，常用毫米（mm）作为特定单位，在图样上标注尺寸时，可将单位省略，仅标注数值。当以其他单位表示尺寸时，则应注明相应的长度单位，如 $50\mu m$。

（2）基本尺寸。基本尺寸是由设计时给定的。它是设计者根据使用要求，通过强度、刚度计算及结构等方面的考虑，并按标准直径或标准长度圆整后所给定的尺寸。

（3）极限尺寸。允许尺寸变化的两个界限值称为极限尺寸。它以基本尺寸为基数来确定。两个界限值中较大的一个称为最大极限尺寸；较小的一个称为最小极限尺寸。

（4）实际尺寸。实际尺寸是通过测量所得的尺寸。由于存在测量误差，实际尺寸并不是被测尺寸的真值，它只是一个接近真实尺寸的随机尺寸。由于零件存在形状误差，所以不同部位的实际尺寸也不尽相同，因此往往把它称为局部实际尺寸。

2. 有关偏差、公差的术语及定义

（1）尺寸偏差。某一尺寸减去其基本尺寸所得的代数差称为尺寸偏差（简称偏差）。偏差可能为正值或负值，也可能为零。

①上偏差。最大极限尺寸减去其基本尺寸所得的代数差称为上偏差。

②下偏差。最小极限尺寸减去其基本尺寸所得的代数差称为下偏差。

偏差值除零外，前面必须标有正号或负号。上偏差总是大于下偏差。

（2）极限偏差。上偏差和下偏差统称为极限偏差。

（3）实际偏差。实际尺寸减去其基本尺寸所得的代数差称为实际偏差。

（4）基本偏差。在公差与配合标准中，确定尺寸公差带相对零线位置的那个极限偏差称为基本偏差。孔、轴的基本偏差数值均已标准化，它可以是上偏差或下偏差，一般为靠近零线的那个极限偏差。

（5）尺寸公差。尺寸公差（简称公差）是最大极限尺寸与最小极限尺寸之差，它是允许尺寸的变动量。尺寸公差是一个没有符号的绝对值。

（6）标准公差。公差与配合国家标准中所规定的用以确定公差带大小的任一公差值称为标准公差。

（7）公差等级。确定尺寸精确程度的等级称为公差等级。国家标准设置了 20 个公差等级，各级标准公差的代号为 IT01，IT0，IT1，IT2，……IT18，其中 IT01 精度最高，IT18 最低，标准公差值依次增大。

（8）公差带图。表示零件的尺寸相对其基本尺寸所允许变动的范围，叫作尺寸公差带。公差带的图解方式称为公差带图。公差带图由零线、极限偏差线等构成。国家标准对

孔和轴分别规定了 28 个公差带位置，分别以 28 个基本偏差代号来确定。

3．有关配合的术语及定义

（1）配合。配合是指基本尺寸相同的、相互结合的孔和轴公差带之间的关系。

（2）间隙或过盈。在轴与孔的配合中，孔的尺寸减去轴的尺寸所得的代数差，当差值为正时称为间隙；当差值为负时称为过盈。

（3）配合种类。按配合性质不同，配合可分为间隙配合、过盈配合和过渡配合 3 种。

①间隙配合。具有间隙（包括最小间隙等于零）的配合称为间隙配合。

②过盈配合。具有过盈（包括最小过盈等于零）的配合称为过盈配合。

③过渡配合。可能具有间隙或过盈的配合称为过渡配合。

4．形位公差项目

各种零件尽管几何特征不同，但都由称为几何要素的点、线、面构成，这些几何要素简称为要素。形位公差研究的对象，就是上述零件几何要素本身的形状精度和有关要素之间相互的位置精度问题。

形位公差的特征项目和符号如表 2 - 2 所示。形位公差项目有 14 个，其中形状公差 4 个，由于它是对单一要素提出的要求，因此，无基准要求；位置公差有 8 个，由于它是对关联要素提出的要求，因此，在大多数情况下有基准要求；形状或位置公差有 2 个，若无基准要求，则为形状公差，若有基准要求，则为位置公差。

表 2 - 2　形位公差的特征项目和符号

公差		特征项目	符号	有或无基准要求
形状	形状	直线度	—	无
		平面度	▱	无
		圆度	○	无
		圆柱度	⌭	无
形状或位置	轮廓	线轮廓度	⌒	有或无
		面轮廓度	⌓	有或无
位置	定向	平行度	∥	有
		垂直度	⊥	有
		倾斜度	∠	有
	定位	位置度	⊕	有或无
		同轴度	◎	有
		对称度	═	有
	跳动	圆跳动	↗	有
		全跳动	⌰	有

（三）三坐标测量机简介

三坐标测量机是一种高效率的精密测量仪器，它广泛地用于机械和仪器制造、电子工业、汽车和航空工业中，用作零件的几何尺寸和相互位置的测量，如箱体、导轨、涡轮和泵的叶片、多边形体、缸体、齿轮、凸轮与飞机形体等空间型面的测量。除此之外，它还可画线、定中心孔、钻孔、铣削模型和样板、刻制光栅及线纹尺、光刻集成线路板等，并可对连接曲面进行扫描。由于它测量范围大、精度高、效率快、性能好，已成为一类大型精度仪器，具有"测量中心"的称号。

1. 测量原理

如图 2-52 所示，三坐标测量机具有空间 3 个相互垂直的 X、Y、Z 运动导轨，可测出空间范围内各测点的坐标位置。三坐标测量机所采用的标准器是光栅尺。反射式金属光栅尺固定在导轨上，读数头与其保持一定间隙安装在滑架上，当读数头随滑架沿着导轨作连续运动时，由于光栅所产生的莫尔条纹的明暗变化，经光电元件接收，将测量位移所得的光信号转换成周期变化的电信号，经电路放大、整形、细分处理成计数脉冲，最后显示出数字量。当测量头移到空间的某个点位置时，计算机屏幕上立即显示出 X、Y、Z 方向的坐标值。

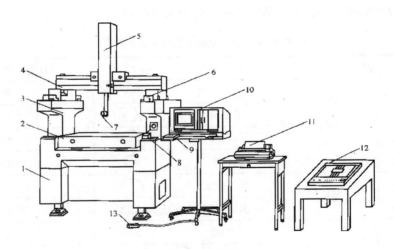

图 2-52　三坐标测量机

注：1—底座；2—工作台；3—立柱；4、5、6—导轨；7—测量头；8—驱动开关；
9—键盘；10—计算机；11—打印机；12—绘图仪；13—脚开关

任何复杂的几何表面和几何形状，只要三坐标测量机的测头能够测到，就能够借助计算机的数据处理测出它们的几何尺寸和相互位置关系。这种测量方法具有极大的万能性。

2. 三坐标测量头

测量头是三坐标测量机中直接实现对工件进行测量的重要部件，它直接影响三坐标测量机测量的精度、操作的自动化程度和检测效率。三坐标测量头可视为一种传感器，只是结构、种类、功能比一般传感器复杂得多，但其原理仍与传感器相同。按其结构原理可分为机械式、光学式和电气式 3 种；按测量方法可分为接触式和非接触式 2 种。接触式测量头可分为硬测头与软测头两类。硬测头多为机械测头，测量力会引起测头和被测件的变形，降低瞄准精度；而软测头测端和被测件接触后，测端可作偏移，传感器输出模拟位移量的信号，因此，它不但可用于瞄准，还可用于测微。非接触测量头主要为光学点位测量头，一般借助于光学系统结构，可以直接采用万能工具显微镜的瞄准测量显微镜，也可以设计成专用显微镜。

由于测量的自动化要求，新型测量头主要采用电磁、电触、电感、光电、压力以及激光原理。

3. 三坐标测量机的功能

（1）基本测量功能。三坐标测量机可用于对一般几何元素的确定（如直线、圆、椭圆、平面、圆柱、球、圆锥等）；对一般几何元素的形位公差测量（如直线度、平面度、圆度、圆柱度、平行度、倾斜度、同轴度、位置度等）以及对曲线的点到点的测量和对一般几何元素进行连接、坐标转换、相应误差统计分析、必要的打印输出和绘图输出等。

（2）特殊测量处理功能。其包括对曲线的连续扫描，圆柱与圆锥齿轮的齿形、齿向和周节测量，各种凸轮和凸轮轴以及各种螺纹参数的测量等。

（3）三坐标测量机还可用于机械产品计算机的辅助设计与辅助制造。例如，汽车车身设计从泥模的测量到主模型的测量；冲模从数控加工到加工后的检验，直至投产使用后的定期磨损检验都可用三坐标测量机来完成。

练习与思考

1. 加工下图所示的零件，制定加工工艺，完成零件加工。

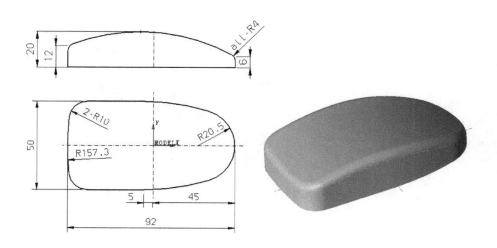

2. 根据下图，完成零件的实体造型、刀路轨迹。

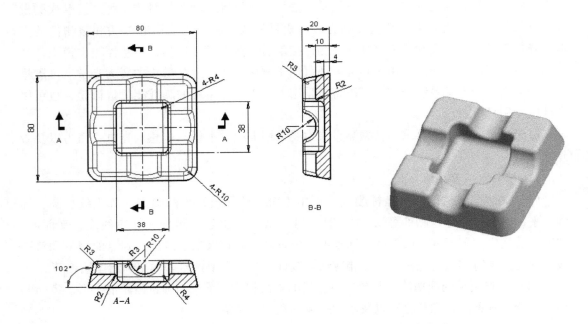

任务 **2** 项目加工 （二）

学习目标

（1）掌握复杂零件二维轮廓构图、三维线框、三维实体造型的方法。

（2）掌握复杂零件刀具路径、加工方式及工艺参数的选择。

学习内容

一、二维造型

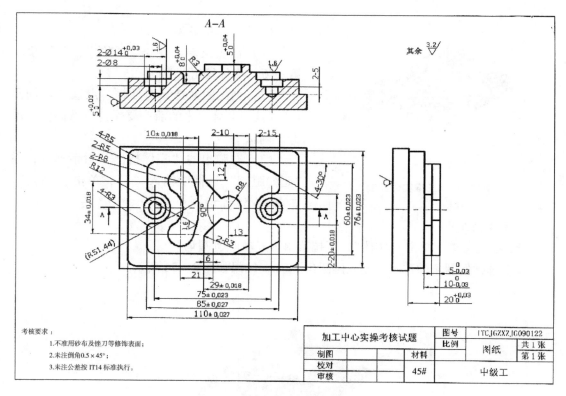

图 2-53 零件图

（一）二维线框绘制

利用直线、圆弧、矩形功能绘制出二维线框，二维线框需要分层绘制，方便设置二维刀路时的选取，如图 2-54 所示。

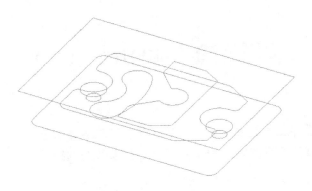

图 2-54　二维线框绘制

（二）三维实体绘制

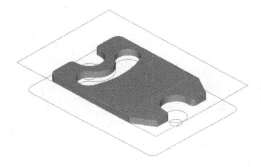

图 2-55　三维实体绘制

1. 绘制三维实体

（1）在主菜单上单击"实体"，下拉菜单第一项"实体挤出"。

（2）弹出图素选择对话框，点选"增加凸像"，注意其弹出来的箭头要保持一致向上，单击"确认"。

（3）在弹出的"实体挤出"对话框中，在"延伸距离"话框中输入"5"，单击"确认"。如图 2-55 所示。

2. 实体倒圆角

（1）在主菜单上单击"实体"，下拉菜单第五项"倒圆角"。

（2）选择倒圆角的边界，输入倒圆角 3mm，结果如图 2-56 所示。

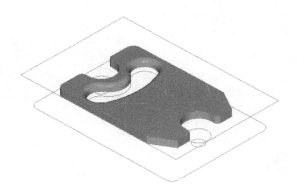

图 2-56　实体倒圆角

二、二维刀路轨迹

（一）工作设定

根据图 2 - 57 设置工件毛坯和其他相应的参数，刀具补偿号和进给率必须要选择"依照刀具"，否则在后处理的时候参数会发生改变。

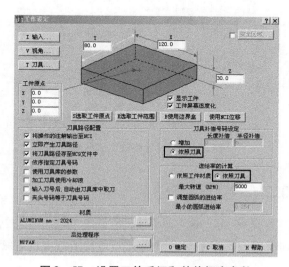

图 2 - 57　设置工件毛坯和其他相应参数

（二）面铣加工

在主菜单中选择"刀具路径"→"平面铣削"，选择串联模式，然后选择 118 × 78 的矩形，选择刀具和设置刀具参数，设置完成后，结果如图 2 - 58 所示。

注：必须要选择"杂项变数"，否则程序会出现 G53。

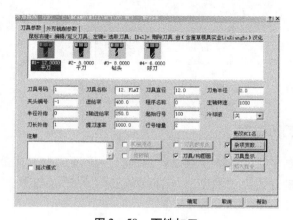

图 2 - 58　面铣加工

设置面铣的加工参数要选择切削方式为"双向",步进距离为75%,加工深度必须是"绝对坐标",数值为0,否则其他平面的加工深度全部都会出错,设置完成后,结果如图2-59所示。

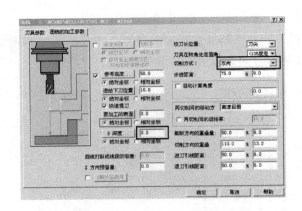

图2-59　设置面铣加工参数

(三)外形铣削加工

在主菜单中选择"刀具路径"→"外形铣削",选择串联模式,然后选择加工轮廓(左补偿),选择刀具和设置刀具参数,合理设置外形铣削的参数,结果如图2-60所示。

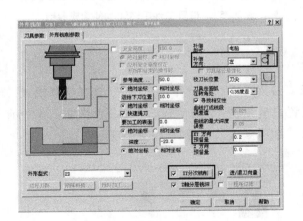

图2-60　设置外形铣削参数

(四)外形铣削加工键槽

在刀具参数对话框中完成基本参数设置。选择外形型式为"螺旋式渐降斜插",在对话框中设置斜插的处理方式为"深度",斜插深度为"0.5",如图2-61、图2-62所示。

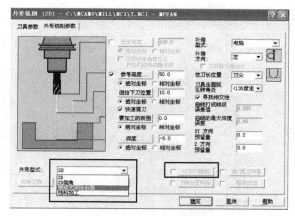

图 2－61　选择外形型式

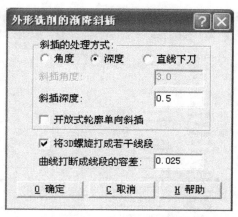

图 2－62　设置斜插方式

（五）等高外形精加工曲面

在主菜单中选择"刀具路径"→"曲面加工"→"精加工"→"等高外形"，选择需要加工的曲面，选择球刀为加工刀具，球刀的加工参数如图 2－63 所示。最大 Z 轴进给量为"0.2"，开放式轮廓方向为"双向切削"，如图 2－64 所示。

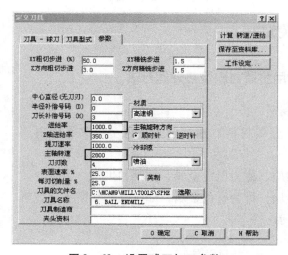

图 2－63　设置球刀加工参数

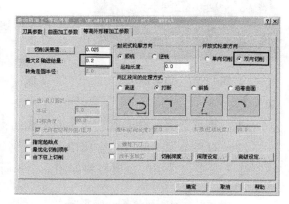

图 2－64　设置曲面精加工参数

（六）钻孔加工

在主菜单中选择"刀具路径"→"钻孔"→"选择圆心点"，选择钻头为加工刀具，钻头的加工参数如图 2－65 所示。要点选"安全高度"并且是绝对坐标，选择刀尖补偿，如图 2－66 所示。

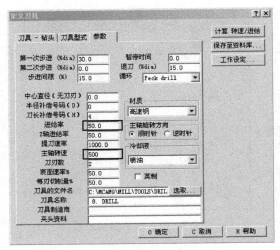

图2-65　定义钻头的加工参数

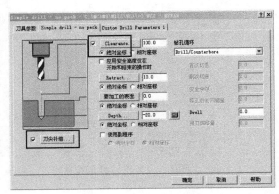

图2-66　选择刀尖补偿

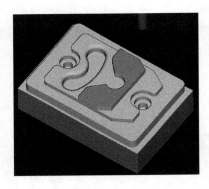

图2-67　仿真加工

（七）仿真加工

在主菜单中选择"刀具路径"→"操作管理"→"全选"→"实体仿真"，仿真加工结果如图2-67所示。

三、相关知识

（一）常用金属材料及热处理方法

1. 金属材料

金属（或金属材料）通常分为黑色金属和有色金属两大类：

（1）黑色金属。铁或以它为主而形成的物质，称为黑色金属，如钢和生铁。

（2）有色金属。除黑色金属以外的其他金属，称为有色金属，如铜、铝和镁等。在机械制造工业中，常用的金属材料如图2-68所示。

金属
- 黑色金属
  - 碳素钢：碳素结构钢、碳素工具钢、铸造碳钢
  - 合金钢：合金结构钢、合金工具钢、特殊性能钢、铸造合金钢
  - 铸铁：灰铸铁、可锻铸铁、球墨铸铁、蠕墨铸铁
- 有色金属
  - 铜及其合金：纯铜、黄铜、白铜、青铜
  - 铝及其合金：纯铝、变形铝合金、铸造铝合金
  - 轴承合金：锡基轴承合金、铅基轴承合金、铝基轴承合金、钛及其合金

图2-68　常用的金属材料

2．热处理

热处理是将固态金属或合金用适当的方式进行加热、保温和冷却以获得所需要的组织结构与性能的工艺。图 2 – 69 所示的是热处理工艺曲线。钢是金属和合金产品中采用热处理工艺最为广泛的金属材料。钢的热处理方法可分为退火、正火、淬火、回火及表面热处理五种。

（1）退火。将钢加热到适当温度，保持一定时间，然后缓慢冷却（一般随炉冷却）的热处理工艺称为退火。

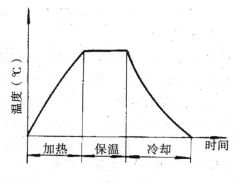

图 2 – 69　热处理工艺曲线

退火的目的：一是降低钢的硬度，提高塑性，以利于切削加工及冷变形加工。二是细化晶粒，使钢的组织及成分均匀，改善钢的性能或为以后的热处理做准备。三是消除钢中的残余内应力，以防止变形和开裂。

常用的退火方法有完全退火、球化退火、去应力退火等几种。

（2）正火。将钢材或钢件加热到 A_{c3} 或 A_{ccm} 以上 30℃ ~ 50℃，保温适当的时间后，在静止的空气中冷却的热处理工艺称为正火。

正火与退火的目的基本相同，但正火的冷却速度比退火稍快，故正火钢的组织比较细，它的强度和硬度都比退火钢高。

正火主要用于普通结构零件，当力学性能要求不太高时可作为最终热处理。作为预备热处理，可改善低碳钢或低碳合金钢的切削加工性；消除过共析钢中的网状渗碳体，改善钢的力学性能，并为以后的热处理做好准备。

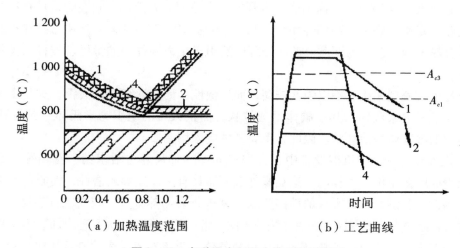

（a）加热温度范围　　　　　（b）工艺曲线

图 2 – 70　各种退火和正火的工艺示意图

注：1—完全退火；2—球化退火；3—去应力退火；4—正火

（3）淬火。将钢件加热到 A_{c3} 或 A_{c1} 以上某一温度，保持一定时间，然后以适当速度冷却获得马氏体或贝氏体组织的热处理工艺称为淬火。

淬火的主要目的是把奥氏体化的钢件淬成马氏体，然后和不同回火温度相配合，获得所需的力学性能。

淬火时，工件截面上各处的冷却速度是不同的。表面的冷却速度最大，越到中心，冷却速度越小。如果工件表面及中心的冷却速度都大于该钢的临界冷却速度，则沿工件的整个截面都能获得马氏体组织，即钢被完全淬透了。如中心部分低于临界冷却速度，则表面得到马氏体组织，心部获得非马氏体的组织，表示钢未被淬透。

（4）回火。钢件淬火后，再加热到 A_{c1} 点以下的某一温度，保温一定时间，然后冷却到室温的热处理工艺称为回火。

淬火处理所获得的淬火马氏体组织既硬又脆，并存在很大的内应力，容易开裂。因此，淬火必须经回火处理后才能使用。

淬火钢回火的目的：一是减少或消除工件淬火时产生的内应力，防止工件在使用过程中变形和开裂。二是通过回火提高钢的韧性，适当调整钢的强度和硬度，使工件达到所要求的力学性能，以满足各种工件的需要。三是稳定组织，使工件在使用过程中不发生组织转变，从而保证工件的形状和尺寸不变，保证工件的精度。

①低温回火（<250℃）。低温回火得到的组织是回火马氏体，其性能是具有高硬度（HRC 58～64）、高耐磨性和一定韧性。低温回火主要用于刀具、量具、拉丝模以及其他要求硬而耐磨的零件。

②中温回火（350℃～500℃）。中温回火得到的组织是回火托氏体，它是具有高弹性极限、高屈服点和适当韧性，硬度为 HRC 40～50。中温回火主要用于弹性零件及热锻模等。

③高温回火（>500℃）。高温回火得到的组织是回火索氏体，其性能是具有良好的综合力学性能（足够的强度与高韧性相配合），硬度为 HRC 25～40。生产中常把淬火及高温回火的复合热处理工艺称为调质。调质处理广泛用于受力构件，如螺栓、连杆、齿轮、曲轴等零件。

调质与正火处理相比，不仅强度较高，而且塑性、韧性远高于正火钢，这是由于调质后钢的组织是回火索氏体，其渗碳体呈球粒状，而正火后的组织为索氏体（或托氏体），且索氏体中的渗碳体呈薄片状。因此，重要零件应采用调质。

（5）表面热处理。在机械设备中，有许多零件（如齿轮、活塞销、曲轴等）是在冲击载荷及表面摩擦条件下工作的。这类零件表面需具有高硬度和耐磨性，而心部需要足够的塑性和韧性。为满足这类零件的性能要求，需进行表面热处理。仅对工件表层进行淬火的工艺称为表面淬火。根据淬火加热方法的不同，常用的有火焰淬火和感应加热淬火两种。

①火焰淬火。应用氧—乙炔（或其他可燃气体）火焰对零件表面进行加热，随之快速冷却的工艺称为火焰淬火。火焰淬火的淬硬层深度一般为 2～6 mm。这种方法的特点是加热温度及淬硬层深度不易控制，淬火质量不稳定，但不需要特殊设备，故适用于单件或小批量生产，适用于中碳钢、中碳合金钢制造的大型工件。

②感应加热淬火。利用感应电流通过工件所产生的热效应，使工件表面受到局部加热，并进行快速冷却的淬火工艺称为感应加热淬火。把工件放入空心铜管绕成的感应器内，感应器中通入一定频率的交流电，以产生交变磁场，工件内部就会产生频率相同、方向相反的感应电流（涡流）。由于涡流的趋肤效应，涡流在工件截面上的分布是不均匀的，表面电流密度大，心部电流密度小，感应器中的电流频率越高，涡流越集中于工件的表层。由于工件表面涡流产生的热量使工件表层迅速加热到淬火冷却起始温度（心部温度仍接近室温），随即快速冷却，从而达到了表面淬火的目的。

为了得到不同的淬硬层深度，可采用不同频率的电流进行加热，电流频率与淬硬层深度的关系如表 2 - 3 所示。

表 2 - 3　感应加热淬火的频率选择

类　别	频率范围	淬硬层深度（mm）	应用举例
高频感应加热	200 ~ 300 kHz	0.5 ~ 2	在摩擦条件下工作的零件，如小齿轮、小轴等
中频感应加热	1 ~ 10 kHz	2 ~ 8	承受扭曲、压力载荷的零件，如曲轴、大齿轮、主轴等
工频感应加热	50 Hz	10 ~ 15	承受扭曲、压力载荷的大型零件，如冷轧辊等

（二）切削液的选用

1. 切削液的作用

在铣削过程中，变形与摩擦所消耗的功绝大部分转变为热能，致使刀尖处的温度升得很高。高温会使切削刃很快磨钝和损坏，使加工出来的工件质量降低。为了降低切削温度，目前常采用的方法是切削时冲注切削液。切削液的作用如下：

（1）冷却作用。切削液能吸收和带走热量。在铣削过程中产生大量的热量，充分浇注切削液，能带走大量热量和降低温度，有利于提高生产率和工件质量。

（2）润滑作用。切削液可以减少切削过程中的摩擦，减少切削阻力，显著提高表面质量和刀具耐用度。

（3）防锈作用。切削液能使机床、工件、刀具不受周围介质的腐蚀。

（4）清洗作用。在浇注切削液时，能把铣刀齿槽中和工件上的切屑冲去。尤其在铣削沟槽等切屑不易排出的地方，较大流量的切削液能把切屑冲出来，使铣刀不因切屑阻塞而影响铣削和表面质量。

2. 切削液的种类

（1）水溶液。水溶液的主要成分是水，冷却性能很好。在使用时，一般加入一定量的水溶性防锈添加剂。水溶液比热容大、流动性好、价格低廉，所以应用很广泛。

（2）乳化液。乳化液是将乳化油用水稀释而成的。这种切削液具有良好的冷却性能，但润滑、防锈性能较差。在使用时，常加入一定量的防锈添加剂和极压添加剂（含硫、磷、氯等元素）。

（3）切削油。切削油的主要成分是矿物油（柴油或机油等），也可选用植物油（菜油或豆油等）、硫化油和其他混合油等。切削油比热容低、流动性差，是一种以润滑为主的切削液。在使用时，也可加入油性防锈添加剂，以提高其防锈和润滑性能。

3. 切削液的选用

切削液应根据工件材料、刀具材料和加工工艺等条件来选用。

（1）粗加工时，由于切削量大、产生的热量多、温度高，而对表面质量的要求并不高，因此，应采用以冷却为主的切削液。

（2）精加工时，对工件的表面质量要求高，并希望铣刀的寿命长，应采用有良好润滑作用的切削液。精加工时切削量少，产生的热量也少，对冷却的要求不高，应选用以润滑为主，具有一定冷却作用的切削液。

表 2-4　常用切削液选用表

加工材料	铣削种类	
	粗铣	精铣
碳钢	乳化液、苏打水	乳化液（低速时 10% ~ 15%，高速时 5%），极压乳化液、混合油、硫化油、肥皂水溶液等
合金钢	乳化液、极压乳化液	
不锈钢及耐热钢	乳化液、极压切削油	氯化煤油
		煤油加 25% 植物油
	硫化乳化油、极压乳化液	煤油加 20% 松节油和 20% 油酸、极压乳化液
		硫化油（柴油加 20% 脂肪和 5% 硫黄）、极压切削液
铸钢	乳化液、极压乳化液、苏打水	乳化液、极压切削油
		混合油
青铜	一般不用，必要时用乳化液	乳化液
黄铜		含硫极压乳化液
铝	一般不用，必要时用乳化液、混合油	菜油、混合油
		煤油、松节油
铸铁	一般不用，必要时用压缩空气或乳化液	一般不用，必要时用压缩空气、乳化液或极压乳化液

在铣削铸铁等脆性金属时，因为它们的切屑呈细小颗粒状，与切削液混在一起，容易黏结而堵塞铣刀、工件、工作台导轨和管道，从而影响铣刀的切削性能和工件表面的加工质量，所以一般不加切削液。在用硬质合金铣刀进行高速切削时，由于刀具耐热性能好，一般也不用切削液，必要时可用乳化液。

4．注意事项

（1）用硬质合金铣刀进行高速切削，若必须使用切削液时，则应在开始切削之前就连续充分地浇注，以免刀片因骤冷而碎裂。

（2）在使用切削液时，量要充分，使铣刀得到充分冷却，并使工件的温度与室温接近，以减少热胀冷缩的影响。

（3）在铣削镁合金时，禁止使用水溶液的切削液，以防起火。只能使用燃点高的油类切削液或者不用切削液。

▶ 练习与思考 ▶▶

完成以下图形的造型和刀路。

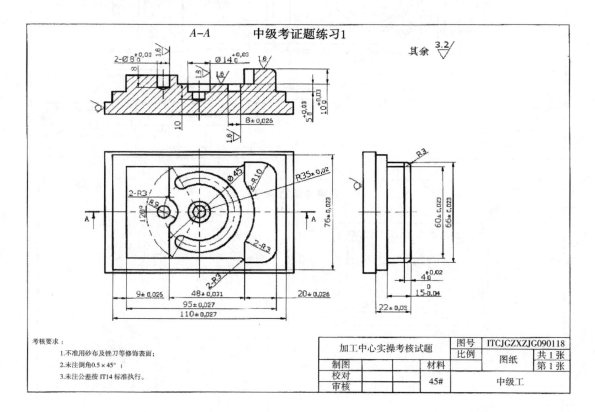

加工中心实操考核试题		图号	ITCJGZXZJG090118	
		比例	图纸	共 1 张
制图		材料		第 1 张
校对				
审核		45#	中级工	

考核要求：
1．不准用砂布及锉刀等修饰表面；
2．未注倒角0.5×45°；
3．未注公差按 IT14 标准执行。

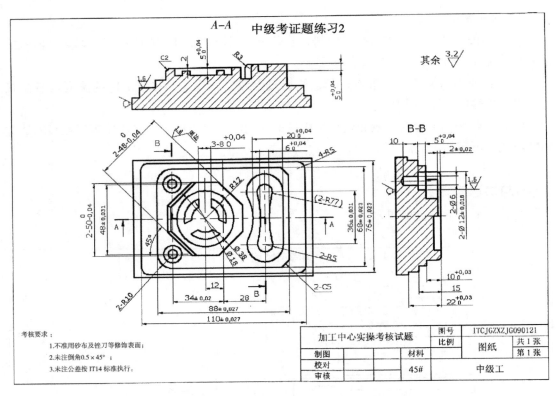

中级考证题练习2

考核要求：
1. 不准用砂布及锉刀等修饰表面；
2. 未注倒角0.5×45°；
3. 未注公差按IT14标准执行。

加工中心实操考核试题		图号	ITCJGZXZJG090121
		比例	图纸 共1张
制图	材料		第1张
校对		45#	中级工
审核			

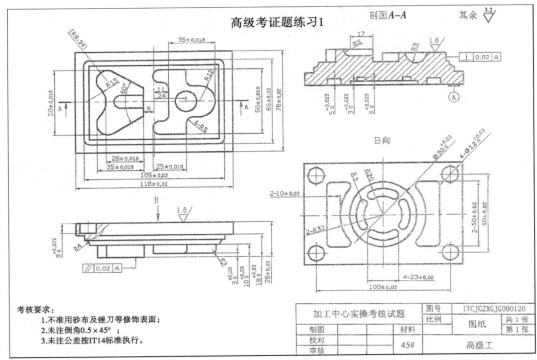

高级考证题练习1

考核要求：
1. 不准用砂布及锉刀等修饰表面；
2. 未注倒角0.5×45°；
3. 未注公差按IT14标准执行。

加工中心实操考核试题		图号	ITCJGZXGJG090120
		比例	图纸 共1张
制图	材料		第1张
校对		45#	高级工
审核			

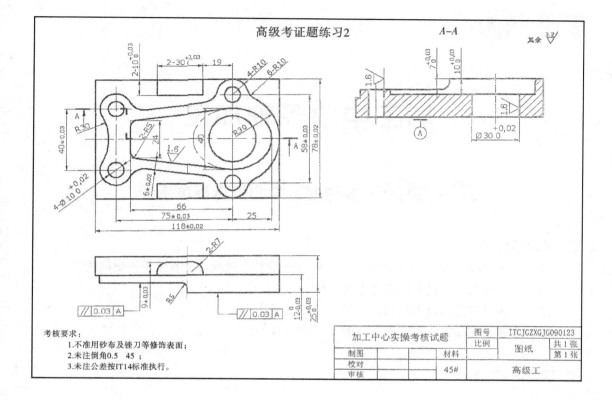

高级考证题练习2

A–A

其余 3.2

考核要求：
1.不准用砂布及锉刀等修饰表面；
2.未注倒角0.5 45°；
3.未注公差按IT14标准执行。

加工中心实操考核试题		图号	ITCJGZXGJG090123	
		比例	图纸	共1张
制图		材料		第1张
校对			45#	高级工
审核				

加工中心多轴加工

任务 1 多轴加工中心机床基本操作

▶▶ 学习目标 ▶▶

（1）掌握 HEIDENHAIN（海德汉）iTNC 530 数控系统操作面板常用按键的用途。

（2）掌握开机、关机和回参考点的操作。

（3）掌握对刀操作及刀具偏置（补偿）设定操作。

（4）掌握程序编辑、存储器自动运行、DNC 自动运行。

▶▶ 学习内容 ▶▶

一、机床简介

德马吉五轴万能加工中心 DMU 60 是同类级别中最高效的 5 轴加工中心，灵活度最佳，DMU mono BLOCK® 机床有与生俱来的高水准：标配 5 轴或模块式设计，可选配转速在 10 000～42 000 rpm 的针对特定机床的主轴，用作 B 轴的快速动态数控铣头具有很大的摆动范围，负摆角最大达 30°，还有快速数控回转工作台，适用于日常生产的 5 面/5 轴加工。这些创新特点在万能高速加工领域开拓了广泛的应用范围，具有不断提高的通达性和最佳的操作舒适性。机床设计符合人体工程学，最吸引人的设计特点是旋转门，只要拉一下手柄，就可以完全进入图 3–1、图 3–2 所示的加工区域。

（一）机床特点

（1）最新设计：加工空间具有较佳的畅通性和更高的可视性，DMG ERGOline® 控制面板配有 19″ 显示屏和 DECKEL MAHO MillPlus iT V600 或 HEIDENHAIN iTNC 530。

（2）标配 0.7 g 加速度带来最佳的动态性能，30 m/min 的快移和进给速度及转速高达 60 rpm 的高速回转轴使得机床可以满足现代模具加工的需求。

（3）标配一体式刮板式排屑器和 250 L 冷却液箱，几何温度补偿，封闭式全罩壳，整合在铣头内的电源，整合在底座中的电缆索（无碎屑堆积，无碰撞），5 轴机床和 iTNC 530 上具有碰撞监控、插入式主轴、带坚固工作台的高达 1 100 kg 的载重量，5 轴加工载重量达 800 kg。

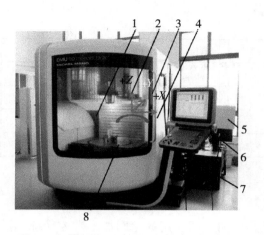

图3-1　德马吉 DMU 60 五轴万能加工中心

注：1—刀库；2—铣削头；3—主轴箱；
4—工作间；5—排屑器；6—操作台；
7—冷却润滑剂装置；8—数控回转工作台

图3-2　铣削头

注：1—主轴箱；2—冷却润滑液喷嘴；
3—刀夹；4—主轴；5—空气喷嘴

（4）标配多功能3轴，选配3+2，4或5轴，可完美用于5面加工和5轴同步铣削，链式刀库具有60个刀位。

（二）DMU 60 mono BLOCK 技术数据和特性

表3-1　DMU 60 mono BLOCK 技术数据和特性

序号	内容	技术指标	单位	数据
1	工作范围	$X/Y/Z$ 轴	mm	730（630*）/560/560
		最大快移和进给速度	m/min	30
		机床重量	kg	6 300
2	换刀机械手	刀柄	—	SK40
		刀库	类型	盘式
		刀库刀位数量	个	24
		屑—屑换刀时间	s	9
3	电主轴的主驱动机构	功率（40/100% DC）	kW	15/10
		最大扭矩（40/100% DC）	nm	130/87
		最大主轴转速	rpm	12 000
4	铣头	数控摆头铣头（B轴）摆动范围	°	+30/-120
		摆动时间	s	1.5
		快移	rpm	35

（续上表）

序号	内容	技术指标	单位	数据
5	工作台（数控回转工作台集成在刚性工作台上）	回转工作台尺寸	mm	∅600
		固定工作台尺寸	mm	1 000 × 600
		最大载重	kg	500
		最大快移和进给速度	rpm	40

（三）数控系统

配置 HEIDENHAIN iTNC 530 系统。该系统是面向车间应用的轮廓加工数控系统，操作人员可以在机床上采用易用的对话格式编程语言编写常规加工程序。它适用于铣床、钻床、镗床和加工中心。iTNC 530 最多可控制 12 个轴。

二、运行方式

（一）屏幕画面

1. 屏幕画面布局

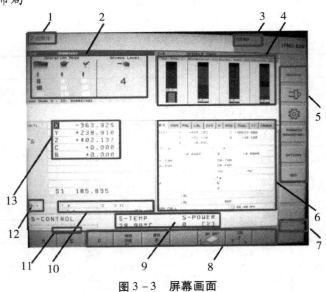

图 3 – 3　屏幕画面

（1）1：左侧标题行。将显示当前选中的机床运行方式（手动操作、MDI、电子手轮、单段运行、自动运行、smarT. NC 等）。

（2）2：授权运行状态。显示当前机床的运行方式及 SmartKey 状态。

（3）3：右侧标题行。显示当前选中的程序运行方式（程序保存/编辑、程序测试等）。

（4）4：主轴监控。显示机床当前的监控状态（主轴温度、震动、倍率等）。

（5）5：垂直功能键。显示机床功能。

（6）6：状态表格。表格概况：位置显示可达 5 个轴，刀具信息，正在启用的 M 功能，正在启用的坐标变换，正在启用的子程序，正在启用的程序循环，用 PGM CALL 调用的程序，当前的加工时间，正在启用的主程序名。

（7）7：用户文档资料。在 TNC 引导下浏览。

（8）8：水平功能键。显示编程功能。

（9）9：监控显示。显示轴的功率和温度。

（10）10：工艺显示。显示刀具名，刀具轴，转速，进给、旋转方向和冷却润滑剂的信息。

（11）11：功能键层。显示功能键层的数量。

（12）12：显示零点。来自预设值表正启用的基准点编号。

（13）13：位置显示。可通过 MOD 模式键设置：IST（实际值）、REF（参考点）、SCHPF（相对值）、N SOLL（设定值）、RESTW（剩余行程）、RW－3D。

2．屏幕画面上的键说明

切换主副页面。

加工模式和编程模式切换。

在显示屏幕中选择功能的软键。

切换软键行。

（二）机床操作区

1．机床操作区布局

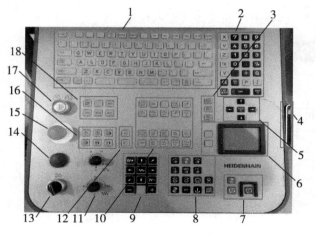

图 3－4　操作按键

（1）1：输入字母和符号的键盘。

（2）2：坐标轴和编号的输入和编辑键。

（3）3：smarT. NC 导航键。

（4）4：SmartKey，电气运行方式开关。

（5）5：箭头键和 GOTO 跳转指令键。

（6）6：触摸屏。

（7）7：进给停止，主轴停止，程序启动键。

（8）8：功能键。

（9）9：轴运动键。

（10）10：打开编程对话窗口区。

（11）11：进给倍率按钮。

（12）12：编程运行方式键。

（13）13：松刀旋钮。

（14）14：快移倍率按钮。

（15）15：急停按钮。

（16）16：机床操作模式键。

（17）17：系统电源开关。

（18）18：程序/文件管理功能键，包括计算器、MOD 模式功能、HELP 帮助功能。

2. 操作区键详细说明

（1）输入字母和符号的键盘。

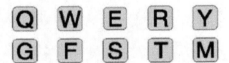

（2）坐标轴与编号的输入和编辑键。

$\boxed{X}$ … $\boxed{V}$ 选择坐标轴或将其输入程序中。

$\boxed{0}$ … $\boxed{9}$ 编号。

$\boxed{.}$ 小数点。

$\boxed{-/+}$ 变换代数符号。

$\boxed{P}$ 极坐标。

$\boxed{I}$ 增量尺寸。

$\boxed{Q}$ Q 参数编程/Q 参数状态。

$\boxed{+}$ 由计算器获取实际位置或值。

忽略对话提问、删除字。

确认输入项及继续对话。

结束程序段，退出输入。

CE 清除数字输入或清除 TNC 出错信息。

中断对话，删除程序块。

（3）箭头键和 GOTO 跳转指令键。

移动高亮条到程序段、循环和参数功能上。

直接移动高亮条到程序段、循环和参数功能上。

（4）SmartKey。

①授权钥匙 TAG：用来作为授权的钥匙和数据存储。

②运行方式选择键。

选择运行方式：

A. 在加工间关闭状态下安全运行模式，可进行绝大多数操作，为系统默认状态。

B. 可在加工间开启状态下运行的调整运行模式，系统限制主轴转速最高为 800rpm，进给速度最大为 2m/min。

C. 可在加工间开启状态下运行，与调整运行模式相同，系统限制主轴转速最高为 5 000rpm，进给速度最大为 5m/min。

D. 扩展的手工干预模式，可获得更大权限，需要特殊授权。

授权钥匙 TAG

运行方式选择键

图 3-5　SmartKey

（5）打开编程对话窗口区。

①编程路径运动。

APPR/DEP 接近/离开轮廓。

FK FK 自由轮廓编程。

L 直线。

CC 极坐标圆心/极点。

 已知圆心的圆弧。

CR 已知半径的圆弧。

CT 相切圆弧。

CHF 倒角。

RND 倒圆角。

②刀具功能。

TOOL DEF 刀具定义。　　　　　　　　**TOOL CALL** 刀具调用。

③循环、子程序。

CYCL DEF 循环定义。　　　　　　　　**CYCL CALL** 循环调用。

LBL SET 子程序和循环的标记。　　　　**LBL CALL** 子程序和循环的调用。

STOP 中断程序运行。　　　　　　　**TOUCH PROBE** 循环测头定义。

（6）smarT. NC 导航键。

■ smarT. NC：选择下一个表格。

目↑　　　**目↓**　　　smarT. NC：前一个/下一个选择框架。

（7）程序/文件管理功能键。

PGM MGT 程序管理，选择或删除程序和文件以及外部数据传输。

PGM CALL 程序调用，定义程序调用并选择原点和点表。

MOD MOD 功能键。

HELP 帮助功能键，显示 NC 出错的帮助信息。

ERR 错误功能键，显示当前全部出错信息。

CALC 计算器。

（8）机床操作模式键。

 手动操作模式键。　　　　　**➡** smarT. NC。

 电子手轮模式键。　　　　　**↦** 单段运行模式键。

 手动数据输入（MDI）模式键。　**→** 自动运行模式键。

（9）编程运行方式键。

	程序编辑。	➡	测试运行。

（10）轴运动键。

→ $X+$ 方向运行键。	← $X-$ 方向运行键。
↗ $Y+$ 方向运行键。	↙ $Y-$ 方向运行键。
↑ $Z+$ 方向运行键。	↓ $Z-$ 方向运行键。
— $B-$ 方向运行键。	＋ $B+$ 方向运行键。
IV＋ $C+$ 方向运行键。	IV－ $C-$ 方向运行键。

（11）功能键。

主轴左转。	主轴右转。
主轴停转。	主轴倍率升。
主轴倍率 100%。	主轴倍率降。
冷却液接通/关闭。	内部冷却液接通/关闭。
刀库右转。	刀库左转。
托盘放行。	解锁加工间门。
FCT 或 FCT A 屏幕切换。	放行刀夹具。

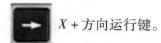

三、机床操作

(一)开关机

1. 开机

(1)将电气控制柜上的主开关转到"ON"位置,测量系统已供给电压,数控系统启动,内存自检TNC将开机,自动初始化如图3-6所示。

图3-6 开机流程

(2)电源断电。TNC显示出错信息"电源中断",按下按钮两次,清除出错信息。

(3)解释PLC程序。自动编译TNC的PLC程序如图3-7所示。

图3-7 编译PLC

(4)外部直流电源故障检查。

开启外部直流电源。TNC将检查急停按钮电路是否正常工作,如图3-8所示。

图3-8 开机故障

释放急停按钮,按下电气电源,系统正常启动。

2. 关机

为了防止关机时发生数据丢失,需要用如下方法关闭操作系统:

(1)当程序结束,主轴上没有刀具,按下急停按钮,使得所有驱动器关断、程序暂停，轴位置和刀具修正数据等被保存，数控系统和测量系统得以通电。选择"手动操作"模式，如图 3-9 所示。

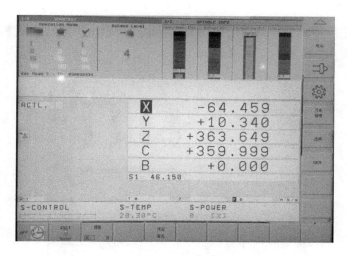

图 3-9 屏幕画面

在显示屏左下角点击数次 ，选择"第 4 功能键栏"，页面左下角出现 标志。点击其对应的软键按钮，选择关机功能。

（2）出现以下对话框，用 YES（是）软键再次确认，如图 3-10 所示。

图 3-10 对话框 1

（3）当 TNC 弹出对话框显示"Now you can switch off the TNC"（现在可以关闭 TNC）字样时，可将 TNC 的电源切断，如图 3-11 所示。

图 3-11 对话框 2

（4）主开关打到"OFF"位置，机床关断电源。

注：不按正确方法关闭 TNC 系统将导致数据丢失。

（二）基本操作

1. 手动操作

在"手动操作"模式下，可以用手动或增量运动来定位机床轴、设置工件原点以及倾斜加工面，如图3-12所示。

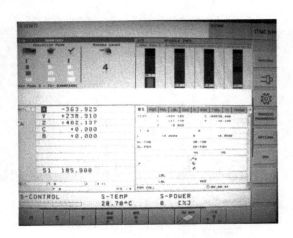

图3-12　手动操作

（1）选择"手动操作"模式。

（2）按住机床轴方向键直到轴移动到所需要的位置为止，或者连续移动轴：按住机床轴方向键，然后按住机床启动（START）按钮，停止移动时按下停止（STOP）按钮。

（3）在轴移动时，可以用F软键或进给倍率修调按钮改变进给倍率。

2. 电子手轮操作

（1）电子手轮具有如下操作功能，如图3-13所示。

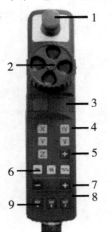

① 1：紧急停止。

② 2：手轮。

③ 3：激活按钮。

④ 4：轴选择键。

⑤ 5：实际位置获取键。

⑥ 6：进给速度选择键（慢速、中速、快速）。

⑦ 7：TNC移动所选轴的方向。

⑧ 8：红色指示灯，表示所选的轴及进给速率。

⑨ 9：机床功能。

在程序运行过程中，也可以用手轮移动机床轴。

图3-13　电子手轮

（2）单轴移动操作步骤：

① 选择"电子手轮"操作模式 ⊗ 。

② 选择屏幕右侧"MACHINE"，手轮打"开" ⊗ 。

③ 按住"激活"按钮（注：在加工间开启状态下使用）。

④ 选择轴，比如 X 轴 ▪X 。

⑤ 选择进给速率。

⑥ 在正、负方向移动所选机床轴 ▬ ▬ 。

3．增量方式点动

采用增量式点动定位方式，可按预定的距离移动机床轴。

（1）选择"手动操作"或"电子手轮"操作模式；

（2）选择增量式点动定位，将 INCREMENT（增量）软键置于 ON（开） ▬ ：点

动增量 = 8 ENT ，输入以毫米为单位的点动增量，比如 8 毫米。

（3）根据具体需要决定按下机床轴方向键的次数，比如 X 轴。最大允许进给量为 10

毫米。

（三）建立刀具表和刀位表

1．建立刀具表

（1）选择"手动操作"模式 ✋ ；

（2）选择"刀具表"TOOL. T ▤ 。

（3）将 EDIT（编辑）软键设置在 ON（开启）位置 ▬ 。

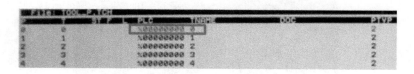

图 3-14　刀具参数

（4）用光标键选择需要修改的值，进行修改。

注： 在将软键切换到 EDIT OFF（编辑关闭）或退出刀具表前，修改不生效。

如果修改当前刀具的刀具数据，在该刀的下个 TOOL CALL 后生效。

2．建立刀位表

（1）刀位表基本参数。

① NAME（名称）：用半角引号包围在 T 程序段中输入刀具名的列。

② L，R，R2：定义刀具基本尺寸（长度、半径、地脚半径）。

③ DL，DR，DR2：在这些列中定义刀具磨损值（刀具实际变化）。

④ LCUTS：实际长度。

⑤ ANGLE：循环中刀具切入工件中的可能角度。

⑥ T – ANGLE：刀尖角是定心循环 240 的重要参数。

（2）编辑刀位表。

刀位表主要是用于刀库装刀。

① 选择机床操作模式 ；

② 选择刀具表 TOOL. T ；

③ 选择刀位表 TOOL_P. TCH ；

④ 将 EDIT（编辑）软键设置在 ON（开启）位置 ；

⑤ 用光标键选择需修改的值，进行修改。

P：刀具在刀库中的刀槽（刀位）。

T：刀具表中的刀具号，用于定义刀具。

TNAME：如果在刀具表中输入了刀具名称，TNC 自动创建名称。

ST：特殊刀具。这项用于机床制造商控制不同的加工过程。

F：必须回到原相同刀位的标识符。

L：锁定刀位的标识符。

注：在将软键切换到 EDIT OFF（编辑关闭）或退出刀具表前，修改不生效。

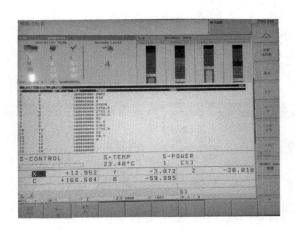

图 3 – 15　刀位画面

（四）程序管理

1．文件管理

在目录（文件夹）中可以保存和组织文件，此目录最多可以建立 6 层子目录。一个目录总是通过文件夹符号和目录名标识。子目录是向右展开的。如果在文件夹符号前有一个三角形，则表示还有进一步可以用 -／+ 键或 ENT 打开的子目录。

在后续窗口将显示所有文件，其保存在所选择的目录中，如图 3-16 所示。

图 3-16　程序画面

建立好的文件在状态显示中会显示文件的特性：

E：在运行方式"程序保存/编辑"中选中程序。

S：在运行方式"程序测试"中选中程序。

M：程序运行方式中选中程序。

P：文件为防止删除并被修改而写保护。

+：有其他相关文件。

2. 文件命名

数控程序、表和文本将作为文件保存在 TNC 硬盘上。一个文件名称由文件名和文件类型组成，如图 3-17 所示。

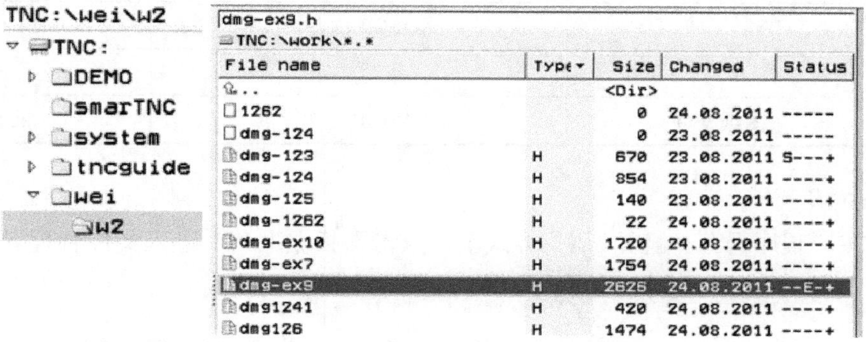

TNC:\wei\w2

```
TNC:\wei\w2        dmg-ex9.h
  ▽ ⬜TNC:           TNC:\work\*.*
    ▷ 🗀DEMO         File name      Type▾  Size  Changed      Status
      🗀smarTNC       🗁..            <Dir>
    ▷ 🗀system        ⬜1262                0  24.08.2011 -----
    ▷ 🗀tncguide      ⬜dmg-124            0  23.08.2011 -----
    ▽ 🗀wei           ⬜dmg-123      H    670  23.08.2011 S---+
      🗀w2            ⬜dmg-124      H    854  23.08.2011 ----+
                      ⬜dmg-125      H    140  23.08.2011 ----+
                      ⬜dmg-1262     H     22  24.08.2011 ----+
                      ⬜dmg-ex10     H   1720  24.08.2011 ----+
                      ⬜dmg-ex7      H   1754  24.08.2011 ----+
                      ⬜dmg-ex9      H   2626  24.08.2011 --E-+
                      ⬜dmg1241      H    420  24.08.2011 ----+
                      ⬜dmg126       H   1474  24.08.2011 ----+
```

图 3-17　文件名称

（1）文件名。

文件名应当不多于 25 个字符，否则将不能完整显示。文件名可达到一定长度，但不得超过 256 字符的最长路径长度。

；＊ ＼ " ？ ＜＞和空格都不允许使用。

（2）文件类型。

文件类型显示由何种格式组成文件。

表 3 - 2　文件类型格式

序号	内容		类型
1	程序	海德汉纯文本对话中	. h
		DIN/ISO	. i
2	smart. 数控程序	统一程序	. hu
		轮廓描述	. hc
		点表	. hp
3	表	刀具	. t
		换刀装置	. tch
		托盘	. p
		零点	. d
		点	. pnt
		Presets（基准点）	. pr
		切削参数	. cdt
		刀具、工件材料	. tab
		相关数据（如分段点）	. dep
4	文本	ASCII 文件	. a/. txt
		帮助文件	. chm
5	图纸文件	ASCII 文件	. dxf

3. 新建目录

（1）在"程序保存/编辑"运行方式下，点击面板左上角，进入文件管理界面，如图 3 - 18 所示。

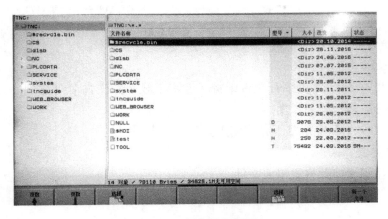

图 3 - 18　新建目录画面 1

（2）在界面左侧的目录树中，由所在文件夹中建立新的文件夹，用箭头方向键移动到驱动器下或根目录中的文件夹。比如，在 TNC 文件夹下建立名为"wei"的文件夹，用箭头方向键将光标移动到 TNC 驱动器上，然后按界面下方"新目录"软键，如图 3 – 19 所示。

图 3 – 19　新建目录画面 2

在 TNC 根目录下建立新的文件夹，如图 3 – 20 所示。

图 3 – 20　新建目录画面 3

（3）若继续在新文件夹下建立文件夹，则按步骤（2）所示方法。如果在新文件夹下建立一个新文件，比如，在 wei 文件夹下建 xyz. h 文件，可点击界面下方"新文件"软键，如图 3 – 21 所示。

图 3 – 21　新建目录画面 4

注意：必须添上文件类型后缀，提示所建文件选择的单位（米制或公制），默认是米制（MM）。选择好后按回车确认，进入文件编辑界面，如图 3 – 22 所示。

此时，可以在此界面编写程序。再点击 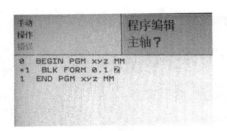 返回查看文件夹，如图 3 - 23 所示。

在文件夹 wei 下产生了新文件 xyz. h。

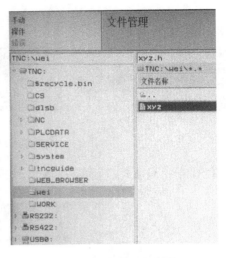

图 3 - 22　新建目录画面 5　　　　图 3 - 23　新建目录画面 6

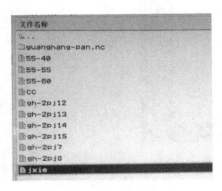

图 3 - 24　文件重命名画面 1

4. 文件操作

（1）文件重命名。

① 用方向箭头移动光标选择待重命名的文件，如图 3 - 24 所示。

② 按下屏幕下方"重命名"软键 。

③ 出现"重新命名文件"对话框，输入目标文件名"ojie. h"，如图 3 - 25 所示。

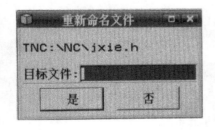　　　　

（a）　　　　　　　　　　（b）

图 3 - 25　文件重命名画面 2

④ 检查无误后确认"是"。

⑤ 最后该文件被重新命名，如图 3 - 26 所示。

（2）文件删除。

① 用方向箭头移动光标选择待删除的文件或文件夹，比如，删除文件夹 wei，如图 3 - 27 所示。

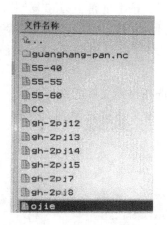

图 3 - 26　文件重命名画面 3

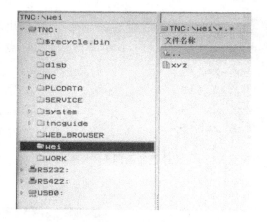

图 3 - 27　文件删除画面 1

② 切换功能键层，按下屏幕下方"删除"软键。

③ 系统提示是否删除文件夹里所有文件及其子文件夹，如图 3 - 28 所示。

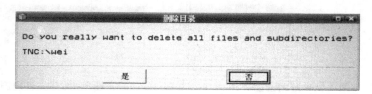

图 3 - 28　文件删除画面 2

④ 检查无误后确认"是"。

⑤ 删除后原来的文件夹 wei 不存在，如图 3 - 29 所示。

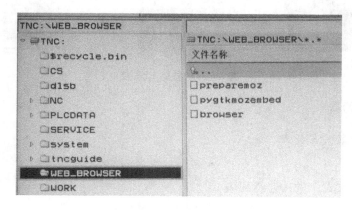

图 3 - 29　文件删除画面 3

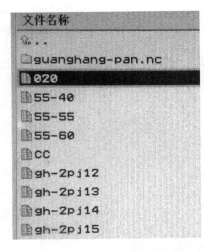

图 3 - 30　文件复制画面 1

（3）文件复制。

① 用方向箭头移动光标选择待复制的文件，比如，USB 目录下的 020. h 文件复制到 TNC 目录下文件夹 wei 中，如图 3 - 30 所示。

② 切换功能键层，按下屏幕下方"复制"软键。

③ 出现复制的目标文件。

④ 点击屏幕下方"目录树"软键，如图 3 - 31 所示。

⑤ 用方向箭头选择目标文件的文件夹。

⑥ 确认后，020. h 文件被复制到文件夹 wei 目录下，如图 3 - 32 所示。

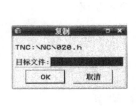

图 3 - 31　文件复制画面 2

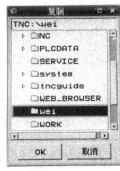

图 3 - 32　文件复制画面 3

⑦ 复制操作完成后移除 USB 盘。移动光标至 USB 驱动器上，切换下方功能键层，按"更多功能"软键，出现 USB 移除标识，按下后即可移除 USB，如图 3 - 33 所示。

图 3 - 33　移除 USB 盘

（五）装卸刀具

1. 从刀库中装刀与拆刀

（1）装刀。

① 选择手动方式，进入刀具列表 。

② 点击"编辑"开 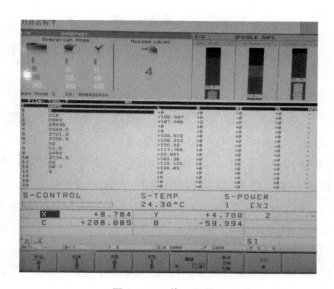 开。

③ 开始建立 50 号刀具参数，如设定完毕，点击面板上"END"键。

④ 在手动方式下进入刀具表，再进入刀位表，将光标移动到刚才所建的刀号上，如图 3 – 34 所示。

图 3 – 34　装刀画面 1

⑤ 点击面板右侧的"Tool Store"，进入该界面选择刀位，如图 3 – 35 所示。

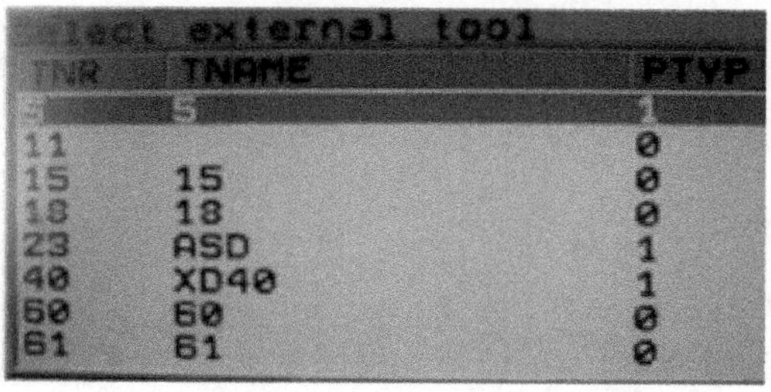

图 3 – 35　装刀画面 2

⑥ 有两种方式选择刀具的位置：

A. 自动方式：Tool Position Automatic → 系统提示 5 号位置。

B. 手动方式：手动输入用户所需要的位置（比如 5）后，点击"ENT"确认。

⑦ 手动选择刀具位置，如图 3 – 36 所示，用光标选择相应的刀位。

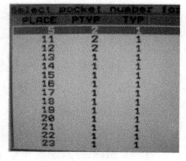

图 3 – 36　装刀画面 3

⑧ 待出现下列提示（如图 3 – 37 所示），按 刀具插入的 ，完成后按 "END"。

```
PUT THE TOOL INTO MAGAZINE!
Station no: 1.5
```

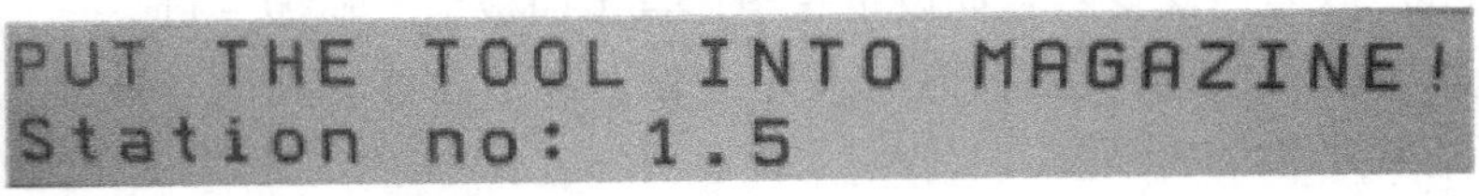

图 3 – 37 提示对话框

⑨ 将刀具装入 5 号刀具位置（注意刀具装入的位置，大缺口朝里，按入后稍稍旋转）。

⑩ 装刀结束后，关上刀库门。

⑪ 在 MDI 方式下，输入 "Tool Call 5 z"（修改用光标移动，输入相应的值），按 "END" 键，循环启动。

⑫ 在手动方式下点动 X、Y 轴，在 MDI 方式下，设定 S = 2000，启动，M = 03，启动，刀具在主轴上旋转。主轴停止，刀具安装完毕。

（2）拆刀。

① 在 MDI 方式下，输入 "Call Tool 0 z" 适当调低进给倍率后，按启动。

② 在手动方式下，进入刀具表。

③ 将光标移动到 50 号刀具参数位置，点击右侧的 "Tool Remove" 按钮。

④ 系统界面自动产生 5 号刀具位置。

⑤ 打开刀库门，从 5 号工位处拔掉刀具，然后关上门。

⑥ 系统界面右侧 "Delete Tool – Data" 选择 "no" 或 "yes"（no 保留原有刀具参数，yes 删除刀具参数）。

2. 从主轴中装刀与拆刀

（1）装刀。

① 在手动方式下，进入刀具表。

② 将光标移动到 50 号刀具位置。

③ 编辑开启，建立刀具参数。

④ 输入完毕，编辑关闭，结束。

⑤ 在 MDI 方式下，输入 "Tool Call 50 z" 后，按 "END" 结束。

⑥ 循环启动，系统显示 "Change tools"，点击门开关按钮。

⑦ 打开机床门，点击确认换刀按钮。

⑧ 手持刀柄，另一只手点击刀具松夹按钮，将刀具装入主轴。

⑨ 将门关闭，点击门开关按钮。

⑩ 点击循环启动。

（2）拆刀。

① 在 MDI 方式下，输入 "Tool Call 0 z" 后启动。

② 点击界面右侧"Remove Tool from Spindle"。

③ 打开机床门，点击确认拆刀按钮。

④ 一手握住刀柄，另一只手点击刀具松夹按钮，从主轴上拔下刀具。

⑤ 关闭机床门，点击门开关按钮；点击循环启动。

（六）对刀

1. 用标准刀对刀长

（1）取出对刀仪，放在工作台面上，如图 3 – 38 所示。

（2）装入标准刀，建立刀具表（设置刀位表#24，长度 109.91 mm），如图 3 – 39 所示。

图 3 – 38　对刀图 1

图 3 – 39　对刀图 2

（3）调用标准刀，如图 3 – 40 所示。

（4）取下手轮，机床侧打开"手轮方式"。

（5）SmartKey 设置处于方式 2，如图 3 – 41 所示。

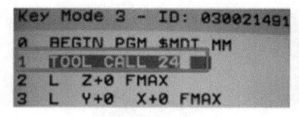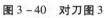

图 3 – 40　对刀图 3

图 3 – 41　对刀图 4

（6）打开机床防护门。

（7）通过手轮将标准刀压住对刀仪上表面，使其指针旋转一圈至 0 处，如图 3 – 42 所示。

（8）打开预设表，改变预设值，将当前点设为零点，然后启用预设值，如图 3 – 43 所示。

图 3 – 42　对刀图 5

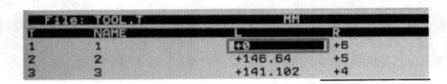

图 3 – 43　对刀图 6

（9）进入刀具表，编辑打开，将#1 刀具的刀长清零，如图 3 – 44 所示。

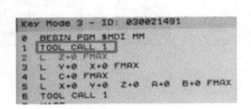

图 3 – 44　对刀图 7

（10）调用#1 刀具，如图 3 – 45 所示。

（11）用电子手轮将#1 刀具压住对刀仪上表面，使其指针旋转一圈至 0 处，如图 3 – 46 所示。

图 3 – 45　对刀图 8　　　　　　　　　图 3 – 46　对刀图 9

（12）记下此时 TNC 显示 Z 轴的位置 + 122. 767，如图 3 – 47 所示。

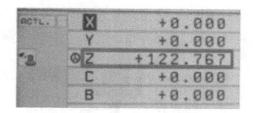

图 3 – 47　对刀图 10

（13）打开刀具表，找到#1 刀具，编辑开状态，将#1 刀具的长度 L 设为 + 122. 767，如图 3 – 48 所示。

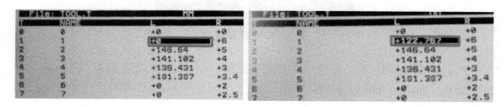

图 3 – 48　对刀图 11

2．对刀（试切法）

（1）将寻边器安装到刀库#6 位，调出#6 刀具"Tool call 6"，如图 3 – 49 所示。

（2）电子手轮打开，如图 3 – 50 所示。

图 3 – 49　对刀图 12

（a）　　　　（b）

图 3 – 50　对刀图 13

（3）设定 S = 400，M = 03，循环启动主轴开始旋转，如图 3 – 51 所示。

图 3 – 51　对刀图 14

（4）通过电子手轮，将寻边器从 $-X$ 方向靠近工件的左侧，手轮倍率调小，慢慢将 X 轴向 $+X$ 方向移动，观察到寻边器的外圆有稍微扭动，手轮停止操作，如图 3－52 所示。

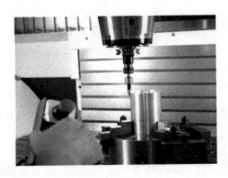

图 3－52　对刀图 15

（5）在手动操作模式下，选择"第四功能键层"，点击"设定原点"，选择"轴 X"，将 X 设定为 0，如图 3－53 所示。

图 3－53　对刀图 16

（6）通过电子手轮，将寻边器从 $+X$ 方向靠近工件的右侧，手轮倍率调小，慢慢将 X 轴向 $-X$ 方向移动，观察到寻边器的外圆有稍微扭动，手轮停止操作，如图 3－54 所示。

图 3－54　对刀图 17

（7）记下此时 TNC 显示的 X 轴的位置 $+88.375$，如图 3－55 所示。

（8）在手动操作模式下，选择"第四功能键层"，点击"设定原点"，选择"轴 X"，将 X 设定为 +44.187（+88.375/2 = +44.187），如图 3−56 所示。

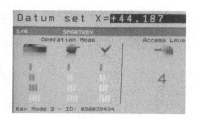

图 3−55　对刀图 18

图 3−56　对刀图 19

（9）通过电子手轮，将寻边器从 −Y 方向靠近工件的外侧，手轮倍率调小，慢慢将 Y 轴向 +Y 方向移动，观察到寻边器的外圆有稍微扭动，手轮停止操作，如图 3−57 所示。

（10）在手动操作模式下，选择"第四功能键层"，点击"设定原点"，选择"轴 Y"，将 Y 设定为 0，如图 3−58 所示。

图 3−57　对刀图 20

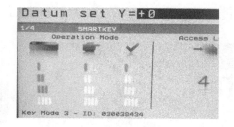

图 3−58　对刀图 21

（11）通过电子手轮，将寻边器从 +Y 方向靠近工件的内侧，手轮倍率调小，慢慢将 Y 轴向 −Y 方向移动，观察到寻边器的外圆有稍微扭动，手轮停止操作，如图 3−59 所示。

（12）记下此时 TNC 显示的 Y 轴位置 +88.4，如图 3−60 所示。

图 3−59　对刀图 22

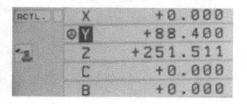

图 3−60　对刀图 23

（13）在手动操作模式下，选择"第四功能键层"，点击"设定原点"，选择"轴Y"，将Y设定为+44.2（+88.4/2=+44.2），如图3-61所示。

（14）调用#1刀具，通过电子手轮使刀尖慢慢逼近工件上表面，如图3-62所示。

图3-61　对刀图24

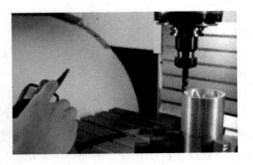

图3-62　对刀图25

（15）用塞尺（厚度0.25 mm）穿过刀尖点与工件上表面之间有轻微摩擦感为宜，如图3-63所示。

（16）在手动操作模式下，选择"第四功能键层"，点击"设定原点"，选择"轴Z"，将Z设定为+0.25［0+0.25（塞尺厚度）=+0.25］，如图3-64所示。

图3-63　对刀图26

图3-64　对刀图27

（17）确认结束后，进入预设表，0号坐标系显示：$X=+0.0624$，$Y=-0.1019$，$Z=-183.8234$，如图3-65所示。

图3-65　对刀图28

将光标移到1号坐标系，如图3－66所示。

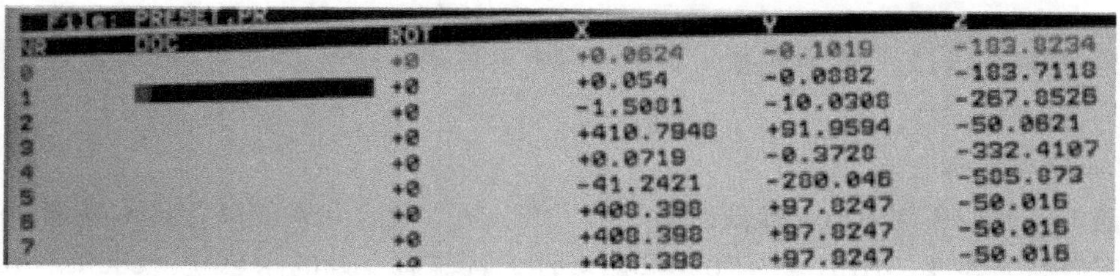

File: PRESET.PR

NR	DOC	ROT	X	Y	Z
0		+0	+0.0624	-0.1019	-103.8234
1		+0	+0.054	-0.0882	-103.7118
2		+0	-1.5001	-10.0308	-267.0526
3		+0	+410.7940	+91.9594	-50.0621
4		+0	+0.0719	-0.3720	-332.4107
5		+0	-41.2421	-200.046	-505.873
6		+0	+408.398	+97.8247	-50.016
7		+0	+408.398	+97.8247	-50.016
		+0	+408.398	+97.8247	-50.016

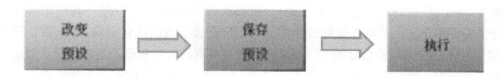

图3－66 对刀图29

（18）改变预设—保存预设—执行，如图3－67所示。

图3－67 对刀图30

观察此时的0号坐标系的数值被复制到1号坐标系，此时的1号坐标系即当前加工坐标系，如图3－68所示。

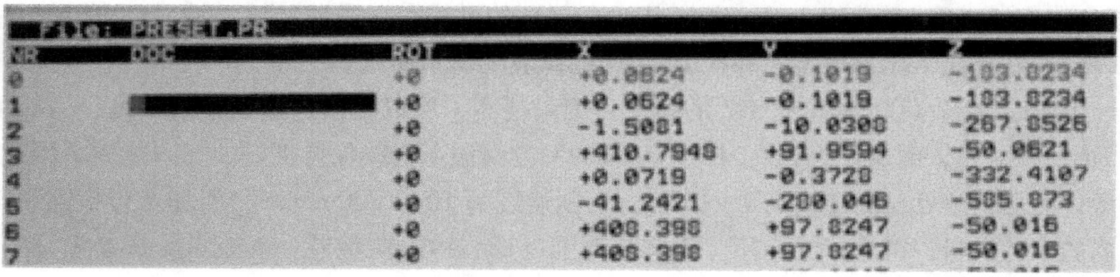

File: PRESET.PR

NR	DOC	ROT	X	Y	Z
0		+0	+0.0624	-0.1019	-103.8234
1		+0	+0.0624	-0.1019	-103.8234
2		+0	-1.5001	-10.0300	-267.0526
3		+0	+410.7940	+91.9594	-50.0621
4		+0	+0.0719	-0.3720	-332.4107
5		+0	-41.2421	-200.046	-505.873
6		+0	+408.398	+97.8247	-50.016
7		+0	+408.398	+97.8247	-50.016

图3－68 对刀图31

（七）测试运行和程序运行

1. 测试运行

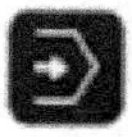

▶选择“测试运行”操作模式。

▶用PGM MGT键调用文件管理器并选择要测试的文件，或者转到程序起点；用GOTO键选择“0”行，并用ENT键确认。

2. 程序运行

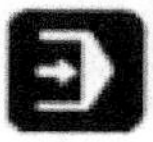

▶选择“自动运行”操作模式。

▶用PGM MGT键调用文件管理器并选择要运行加工的文件，用ENT键确认。

四、切削刀具的选择

刀具切削部分材料主要有碳素工具钢、合金工具钢、高速工具钢、硬质合金、陶瓷和超硬刀具材料等。

1. 高速工具钢

高速工具钢是在钢中加入较多的钨、钼、铬、钒等合金元素的高合金工具钢。高速工具钢具有较高的硬度（HRC 63~70）和耐磨性，且具有良好的耐热性（600℃~700℃）、高强度和高韧性。

碳素工具钢和合金工具钢维持切削的最高温度分别为200℃~250℃、300℃~400℃，因此，高速工具钢与碳素工具钢及合金工具钢相比，具有较好的耐热性和耐磨性，可提高切削速度1~3倍（因此得名高速工具钢），可提高刀具寿命10~40倍。高速工具钢与硬质合金及陶瓷相比，一是具有较好的强度韧性，抗弯强度为硬质合金的2~3倍，陶瓷的5~6倍。冲击韧度为硬质合金的10~100倍。二是具有较好的制造工艺性，容易锻造和切削加工，容易磨出锋利的切削刃。所以，它主要用来制造钻头、丝锥、板牙、拉刀、齿轮刀具和成形刀具等形状复杂的刀具。高速工具钢刀具可加工的材料范围非常广，可加工碳钢、合金钢、有色金属、铸铁等多种材料。

2. 硬质合金

硬质合金是用粉末冶金的方法制成的，它是由高硬度、高熔点的金属碳化物（碳化钨WC、碳化钛TiC、碳化钽TaC、碳化铌NbC等）的微粉和金属黏结剂（钴Co、镍Ni、钼Mo等），在高压下压制成型，并在1 500℃的高温下烧结而成。

由于碳化钨WC、碳化钛TiC的硬度和熔点很高，所以硬质合金的硬度很高，一般可达HRA 89~93，耐磨性好，在800℃~1 000℃的高温下仍能保持良好的切削能力。因此，它允许的切削速度比高速钢高4~10倍，切削速度为100~200m/min，能加工包括淬硬钢在内的多种材料，得到广泛应用。但其抗弯强度低、冲击韧度差、不能承受振动和冲击、制造工艺性差，多用于制造刀片，很少做成形状复杂的整体刀具。

国际标准化组织ISO将硬质合金分为三大类：一是K类，相当于我国的YG类硬质合金，适用于加工短切屑的黑色金属、有色金属和非金属材料，外包装用红色标志。二是P类，相当于我国的YT类硬质合金，适用于加工长切屑的黑色金属，外包装用蓝色标志。三是M类，相当于我国的YW类硬质合金，用于加工长、短切屑的黑色金属和有色金属，外包装用黄色标志。常用硬质合金刀具材料的牌号及用途，如表3-3所示。

表 3 – 3 常用硬质合金的牌号、性能及用途

国产牌号	lSO（相近）	硬度 HRA	抗弯强度 GPa	耐磨	耐热	用途
YG3X	K01	91.5	1.1			铸铁、有色金属及其合金连续切削时的精加工、半精加工
YG6X	K05	91	1.4	↑	↑	铸铁、耐热合金的精加工、半精加工
YG6	K10	89.5	1.45			铸铁、有色金属及其合金连续切削时的粗加工、半精加工
YG8	K20	89	1.5			铸铁、有色金属及其合金的粗加工、间断切削
YT5	P30	89.5	1.4			碳钢、合金钢的粗加工
YT15	P10	91	1.15			碳钢、合金钢连续切削时的粗加工、间断切削时的半精加工
YT30	P01	92.5	0.9	↓	↓	碳钢、合金钢连续切削时的精加工
YW1	M10	92	1.28			难加工钢材的精加工、半精加工
YW2	M20	91	1.47			难加工钢材的半精加工、粗加工

3. 涂层刀具

刀具材料的韧性和硬度一般不能兼顾，所以一般刀具的寿命主要受刀具磨损程度的影响。近年来我们采用在刀具材料表面进行涂层处理的方法来解决这一问题。

涂层刀具是在韧性较好的硬质合金或高速钢刀具基体上，通过化学气相沉积法（硬质合金刀具）或物理气相沉积法（高速钢刀具），涂覆一层 $5\sim12\,\mu m$ 厚的耐磨性很高的难熔金属碳化物而获得的，这样既使刀具具有基体材料的强度和韧性，又具有很高的耐磨性，从而较好地解决了强度、韧性与硬度、耐磨性之间的矛盾。常用的涂层材料有碳化钛（TiC）、氮化钛（TiN）和氧化铝（Al_2O_3）等。涂层硬质合金刀片的寿命可以提高 $1\sim3$ 倍，涂层高速钢刀具的寿命则可以提高 $2\sim10$ 倍。

（1）TiC 涂层刀片。TiC 涂层的熔点和硬度都很高，耐磨性好，TiC 容易扩散到基体内，与基体黏结较牢固，故刀具容易产生剧烈磨损时宜涂 TiC。

（2）TiN 涂层刀片。TiN 涂层与铁基材料的亲和力小，在空气中抗氧化能力、抗黏结性能比 TiC 强，故刀具材料与零件材料容易产生黏结时宜涂 TiN。

（3）Al_2O_3 涂层刀片。Al_2O_3 涂层在高温下具有良好的热稳定性和较高的高温硬度，故刀具在高温下切削时宜涂 Al_2O_3。

除上述的单涂层外，还可以采用 TiC – TiN、TiC C – Al_2O_3、TiC – Al_2O_3 C – TiN 等双涂层或多涂层，其性能优于单涂层。最新又发展了 TiN/NbN 和 TiN/CN 等多元复合薄膜。

如商品名为"Fire"的孔加工刀具复合涂层，它用 TiN 做底层，以保证与基体间的结合强度；由多层薄涂层构成的中间层为缓冲层，用来吸收断续切削产生的振动；顶层是具有良好耐磨性和耐热性的 TiAlN 层。另外，还可在"Fire"的外层上涂减摩涂层。其中，TiAlN 层在高速切削中性能优异，最高切削温度可达 800℃。近年开发出的一些 PVD 硬涂层材料，有 CBN、CN、Al_2O_3、多晶氮化物（TiN/NbN，TiN/VN）等，它们在高温下具有良好的热稳定性，很适合高速与超高速切削。金刚石膜涂层刀具主要用于有色金属加工，而 $C - C_3N_4$ 超硬涂层的硬度则有可能超过金刚石。

软涂层刀具，如 MoS_2 和 WS_2 作为涂层材料的高速钢刀具主要用于高强度铝合金与钛合金等的加工。此外，最新开发的纳米涂层材料刀具在高速切削中的应用前景也很广阔。如日本住友公司的纳米 TiN/AlN 复合涂层铣刀片，共 2 000 层涂层，每层只有 2.5 nm 厚。

涂层刀片广泛用于各种钢料、铸铁的精加工和半精加工，负荷较轻的粗加工。近年来，随着可转位刀具的广泛应用，硬质合金涂层刀片也得到越来越多的应用。涂层刀具的缺点是切削刃的锋利程度和抗剥落能力不及未涂层的刀具，所以不宜小进给量加工高硬度材料和重载切削。

4. 金属陶瓷刀具

金属陶瓷主要包括高耐磨性能的 TiC 基硬质合金（TiC + Ni 或 Mo）、高韧性的 TiC 基硬质合金（TiC + TaC + WC）、强韧的 TiN 基硬质合金和高强韧性的 TiCN 基硬质合金（TiCN + NbC）等。这些合金做成的刀具可在 $v_c = 300 \sim 500 \, m/min$ 的范围内高速精车钢和铸铁。金属陶瓷可制成钻头、铣刀和滚刀。如日本研制的金属陶瓷滚刀，$v_c = 600 \, m/min$，约是硬质合金滚刀的 $10 \sim 20$ 倍，加工表面的粗糙度值 R_{max} 为 $2 \mu m$，比 HSS 滚刀（R_{max} 为 $15 \mu m$）和硬质合金滚刀（R_{max} 为 $8 \mu m$）小得多，耐磨性是 HSS 的 4 倍，是硬质合金的 2 倍。

5. 陶瓷刀具

陶瓷刀具可在 $v_c = 200 \sim 1 \, 000 \, m/min$ 的范围内切削软钢、淬硬钢和铸铁等材料。

6. CBN 刀具

CBN 刀具是高速精加工或半精加工淬硬钢、冷硬铸铁和高温合金等的理想刀具材料，可以实现"以车代磨"。国外还研制了 CBN 含量不同的 CBN 刀具，以充分发挥 CBN 刀具的切削性能。据报道，CBN300 加工灰铸铁的速度可达 2 000 m/min。

▶▶ **练习与思考** ▶▶

1. 简述德马吉五轴万能加工中心 DMU 60 开机、关机的步骤。
2. 在 HEIDENHAIN iTNC 530 数控系统加工中心机床如何建立工件坐标系？
3. 在 HEIDENHAIN iTNC 530 数控系统加工中心机床确定刀具的长度补偿值有哪几种方法？如何录入？

任务 ② 定向加工项目

学习目标

（1）掌握 PowerSHAPE 零件造型功能。

（2）理解 3 + 2 轴加工的含义。

（3）掌握 3 + 2 轴加工的功能及应用。

（4）掌握 PowerMILL 软件 3 + 2 轴加工的编程步骤和方法。

学习内容

一、多面体零件加工

图 3 - 69 所示的是一个多面体机座零件，要求利用一台五轴数控机床加工出零件左侧（侧型腔）结构。

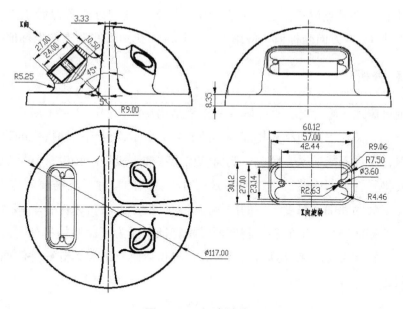

图 3 - 69　机座零件 1

二、加工操作流程

图 3 - 70 所示的零件，加工对象为虚线框所指向的侧型腔结构。

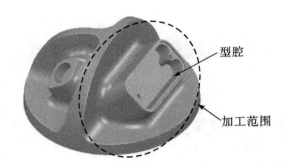

图 3 – 70　机座零件 2

概括起来，操作流程如下：

（1）准备毛坯：毛坯大小为 120 mm × 120 mm × 65 mm，六个面已经加工到位。

（2）将毛坯安装在机用虎钳上。

（3）拉直：在机床 Z 轴上安装百分表，在 X 或 Y 方向上沿工件侧面打表，直至拉直为止。

（4）夹紧工件。

（5）分中：工件零点设置在毛坯上表面中心位置。使用寻边器碰触工件 X 和 Y 方向侧面，找到工件 X、Y 方向坐标值；使用刀具或标准棒找到工件 Z 方向坐标值。

三、编程分析

使用三轴机床加工零件时，对于零件的正面结构特征，如图 3 – 71 所示，不存在刀具加工不到的情况。但对于侧面结构特征，如图 3 – 72 所示，由于三轴机床的刀轴处于铅直状态不能倾斜，刀具不能切入，因此，侧面结构无法加工成型。在没有五轴加工机床的情况下，就需要将零件重新安装、定位和夹紧；对于复杂的零件，还需要制作专门的夹具，这就带来了加工效率和加工精度不高的问题。此时，使用五轴机床配合 3 + 2 轴加工方式，将刀轴根据零件侧面结构特征倾斜，将侧面结构特征转变为正面结构特征，如图 3 – 73 所示。依然使用三轴加工策略来计算刀具路径，这样可以解决绝大部分零件侧面结构特征的机加工成型问题。

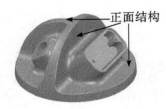

图 3 – 71　机座零件

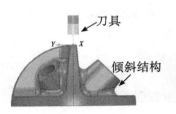

图 3 – 72　零件侧视图

图 3 – 73　侧结构加工

（一）3 + 2 轴加工的含义

3 + 2 轴加工是指在五轴机床（比如 X、Y、Z、A、C 五根运动轴）上进行 X、Y、Z 三轴联合运动，另外两根旋转轴（如 A、C 轴）固定在某角度的加工。3 + 2 轴加工是定位五轴加工的方式之一，也是五轴加工中最常用的一种加工方式，可通过使用这种方式来完成大部分零件侧面结构的加工。

（二）3 + 2 轴加工的功能与应用

（1）能够加工出零件上三轴机床无法加工到的区域。

（2）能够避免球头铣刀的静点切削状况，改善刀具切削条件以及零件表面加工质量。

（3）使用更短的刀具加工出深长型腔。

（4）为模具零件加工带来更高的加工效率。

但是，3 + 2 轴加工方式也有其局限性，像增压叶轮的精加工就不宜使用这种方式，而必须使用五轴联动加工方式。

（三）PowerMILL 软件 3 + 2 轴加工的编程步骤

要编制五轴定位加工程序，必须明白五轴定位加工的实现过程。使用 PowerMILL 软件实现五轴定位加工的全过程如下。

1. 锁定毛坯到世界坐标系

在计算三轴加工刀路时，如果毛坯过小，未包围加工范围，则只会在毛坯包围的范围内生成部分刀具路径；又如毛坯尺寸足够，但是偏离了加工范围，则会出现计算不出刀具路径的情况。因此，计算刀具路径前，一定要确保毛坯包围了零件的加工范围。在五轴定位加工时，由于会使用到用户坐标系，故更要注意这一点。

在创建毛坯时，毛坯的定位是相对于世界坐标系而言的，这就意味着，在默认情况下，如果用户创建一个毛坯后，转而去使用其他的用户坐标系，那么毛坯就会"跑掉"。如图 3 - 74 所示的零件及其世界坐标系和毛坯，此时创建的毛坯正好包围了零件，是我们需要的毛坯大小。为了进行 3 + 2 轴加工，要新创建一个用户坐标系，并将该用户坐标系激活，此时毛坯会部分偏移出零件，如图 3 - 75 所示。

如果此时再次使用毛坯对话框中默认参数重新创建毛坯，系统会计算出如图 3 - 76 所示的毛坯，这个毛坯与原始毛坯是不同的，其尺寸变大了，不是我们需要的毛坯，正确的毛坯应是图 3 - 74 所示的毛坯。这时就需要将新创建的毛坯锁定到世界坐标系。

在 PowerMILL 系统中，打开毛坯对话框后，锁定毛坯到世界坐标系的操作过程如图 3 - 77 所示。

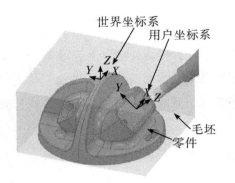

图 3 - 74　世界坐标系下的毛坯

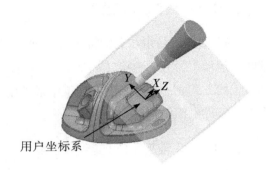

图 3 - 75　用户坐标系下的毛坯 1

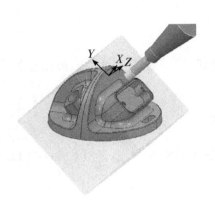

图 3 - 76　用户坐标系下的毛坯 2

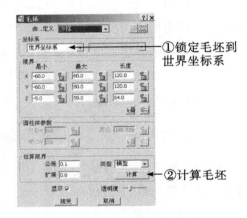

图 3 - 77　毛坯设置

2. 创建并编辑用户坐标系

根据被加工零件的结构特征分布情况，创建用户坐标系。注意以下几点：

（1）用户坐标系建立在零件外部较安全。

（2）Z 轴指向零件外部，作为刀轴方向矢量。

（3）在用户坐标系下，按照三轴加工零件的编程思路编制 3 + 2 轴加工程序。

（4）使用对刀坐标系输出 NC 程序。

完成同一个零件的加工，可能需要多条 3 + 2 轴加工刀具路径，要使用对刀坐标系来输出这些刀具路径为 NC 程序。这涉及刀具路径后处理的算法问题，对于 3 + 2 轴加工，实际上就是将刀轴相对工件倾斜一个角度进行加工，在后处理时，将世界坐标系旋转一个角度到达编程坐标系（即用户坐标系）即可。在 FANUC - 0i-MD 数控系统中，使用 G68.2 指令来完成坐标系旋转与平移。

3. 零件加工工艺过程

拟按表 3 - 4 所述的工艺流程编制该零件加工程序。要强调的是，各工步的切削用量要根据实际加工机床、刀具、工件材料等因素来确定，表中所使用的切削用量仅供参考。

表 3 - 4　零件加工工艺过程

序号	工步名称	加工区域	走刀方式	刀具	加工方式
1	粗加工	零件整体	偏置区域清除	d25r5 刀尖圆角端铣刀	三轴加工
2	二次粗加工	型腔侧区域	偏置区域清除	d10 端铣刀	3 + 2 轴加工
3	半精加工	型腔侧周边曲面	三维偏置	bn8 球头铣刀	3 + 2 轴加工
4	精加工	型腔侧周边曲面	三维偏置	bn8 球头铣刀	3 + 2 轴加工
5	精加工	型腔顶面	偏置区域清除	d6 端铣刀	3 + 2 轴加工
6	粗加工	型腔	偏置区域清除	d6 端铣刀	3 + 2 轴加工
7	精加工	型腔	偏置区域清除	d6 端铣刀	3 + 2 轴加工
8	钻孔	型腔上的两孔	深钻	d2.5 钻头	3 + 2 轴加工

4. 编程过程

（1）启动 PowerMILL 软件：双击桌面上 PowerMILL 图标，打开 PowerMILL 系统。

（2）输入模型：在下拉菜单中执行"文件"—"输入模型"，打开"输入模型"对话框，选择文件，然后单击"打开"按钮，完成模型输入操作。

（3）输入补面：拟将倾斜的型腔用一张补面封闭起来，单独编写其加工程序。在下拉菜单中执行"文件"—"输入模型"，打开"输入模型"对话框，然后单击"打开"按钮，完成模型输入操作。

步骤一：准备加工。

（1）创建毛坯：在 PowerMILL 的主工具栏中，单击"创建毛坯"按钮，打开"毛坯"表格，勾选"显示"选项，然后单击"计算"按钮，如图 3 - 78 所示，创建出方形毛坯，如图 3 - 79 所示，单击"接受"按钮完成创建毛坯操作。

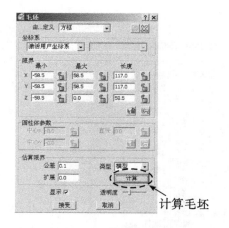

图 3 - 78　毛坯表格设置

图 3 - 79　创建毛坯

（2）创建粗加工刀具：在 PowerMILL 资源栏中，右击"刀具"，在弹出的快捷菜单条中选择"产生刀具"—"刀尖圆角端铣刀"，打开"刀尖圆角端铣刀"表格，按图 3 – 80 所示的内容来设置刀具刀刃部分的参数。

单击"刀尖圆角端铣刀"表格中的"刀柄"选项卡，切换到刀具刀柄表格，按图 3 – 81 所示的内容设置刀具刀体部分参数。

单击"刀尖圆角端铣刀"表格中的"夹持"选项卡，切换到刀具夹持表格，按图 3 – 82 所示的内容设置刀具夹持部分参数。

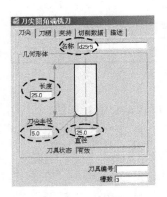
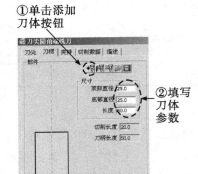
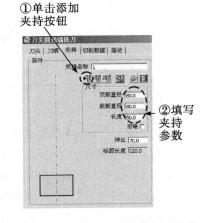

图 3 – 80　d25r5 刀刃部分参数　　图 3 – 81　d25r5 刀体部分参数　　图 3 – 82　d25r5 刀具夹持部分参数

完成上述参数设置后，单击"刀尖圆角端铣刀"表格中"关闭"按钮，创建出一把带夹持的、完整的刀尖圆角端铣刀 d25r5。

（3）设置粗加工进给率：在 PowerMILL 主工具栏中，单击"进给和转速"按钮 🔧，打开"进给和转速"表格，按图 3 – 83 所示的内容设置粗加工参数。

完成设置后，单击"接受"按钮退出。

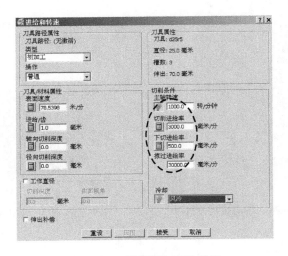

图 3 – 83　设置粗加工进给率

（4）设置快进高度：在 PowerMILL 主工具栏中，单击"快进高度"按钮 ，打开"快进高度"表格，按图 3 - 84 所示的内容设置快进高度参数，完成后单击"接受"按钮退出。

（5）设置加工开始点和结束点：在 PowerMILL 主工具栏中，单击"开始点和结束点"按钮，打开"开始点和结束点"表格。在"开始点"选项卡中，设置"方法"栏下的"使用"选项为"毛坯中心安全高度"，如图 3 - 85 所示。在"结束点"选项卡中，设置"方法"栏下的"使用"选项为"最后一点安全高度"，如图 3 - 86 所示。设置完成后，单击"接受"按钮退出。

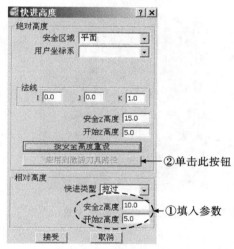

图 3 - 84 设置快进高度

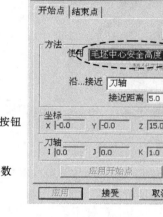

图 3 - 85 设置开始点

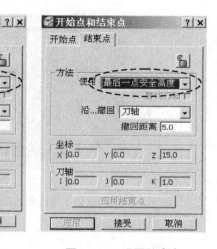

图 3 - 86 设置结束点

步骤二：计算粗加工刀具路径。

（1）计算传统的粗加工刀具路径：在 Power-MILL 主工具栏中，单击"刀具路径策略"按钮 ，打开"策略选取器"对话框，选择"三维区域清除"选项卡，在该选项卡中选择"偏置区域清除模型"，单击"接受"按钮，打开"偏置区域清除［模型加工］"表格，按图 3 - 87 所示的内容设置参数。

PowerMILL 通过有机组合应用最新的后台处理和多线程技术，显著地缩短了刀具路径生成时间，极大地提高了生产力。多线程技术使单 CPU 能够处理多个线程，在充分共享 CPU 资源的同时进行独立运算。该特性可在多核处理器或多 CPU 计算机上大幅度减少复杂刀具路径的计算时间。

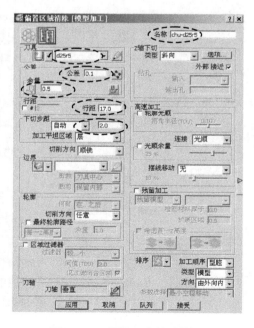

图 3 - 87 粗加工参数设置

后台处理能在前台编写刀具路径时在后台处理其他刀具路径的计算，完全不用担心会影响处理速度。填写完参数后，单击"队列"按钮，系统即进入后台运算状态，此时，可以在系统计算刀具路径的同时进行其他操作，如创建新的刀具、计算新的刀具路径等。

如果不进行其他操作，单击"应用"按钮，系统计算出图3-88所示的刀具路径。

粗加工首要追求的目标是加工效率，获取最大的材料去除率。为了实现这样的目标，必然要求使用高速加工方式。仔细观察图3-88所示的粗加工刀路，在零件的拐角处，刀具路径是尖角过渡，其放大图如图3-89所示。

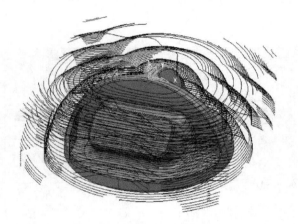

图3-88　传统粗加工刀路

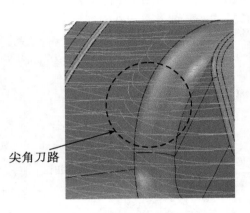

尖角刀路

图3-89　传统粗加工刀路放大图

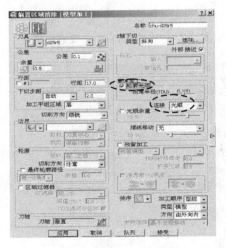

图3-90　高速加工参数设置一

这种走刀方式在高速加工中是要极力避免的。因为它会对刀具、工件及机床造成损害，并且会影响加工效率。理想的刀具路径是，在零件拐角处的刀具路径段是圆弧而不是尖角。下面通过设置新参数来优化这种传统刀路。

（2）计算高速粗加工刀具路径：在"偏置区域清除［模型加工］"表格中，单击"编辑刀具路径参数"按钮，按图3-90所示的内容设置高速加工参数。

设置完成后，单击"应用"按钮，系统计算出图3-91所示的刀具路径，图3-92所示的刀路为零件拐角处的刀路放大图，可以见到，刀路在拐角处已经是圆弧过渡。

进一步观察图3-91所示的刀具路径，在远离零件处，刀具路径即开始生成轮廓偏置刀路，如图3-93所示，这也不是理想的高速加工刀具路径。理想的刀路是，在远离零件处，刀具路径为赛车线，只有在接近零件轮廓时，才生成轮廓偏置刀路。

为了解决这一问题，PowerMILL 软件专门开发了拥有专利权的"赛车线加工技术"。随着刀具路径切离主形体，粗加工刀路将变得越来越平滑，这样可避免刀路突然转向，从而降低机床负荷，减少刀具磨损，实现高速切削。参数设置如图 3－94 所示。

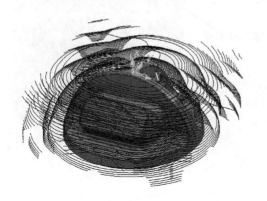

图 3－91 底座零件粗加工刀路

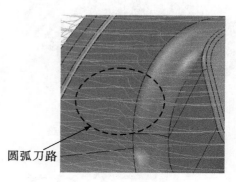

图 3－92 底座零件粗加工刀路放大图

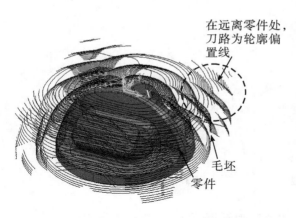

图 3－93 远离零件处开始生成轮廓偏置刀路

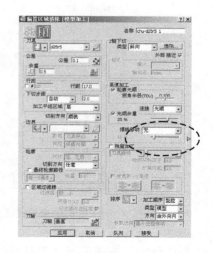

图 3－94 高速加工参数设置二

设置完成后，单击"应用"按钮，系统计算出如图 3－95 所示的刀具路径，图 3－96 所示的刀路为俯视图，可以看出，刀具路径在零件外围作赛车线分布，而在接近零件轮廓时，按轮廓偏置分布。

单击"取消"按钮关闭"偏置区域清除［模型加工］"表格。

（3）刀具路径碰撞检查：在 PowerMILL 资源栏中，双击"刀具路径"，将它展开。右击刀具路径 chu－d25r5，在弹出的快捷菜单条中执行"检查"—"刀具路径"，打开"刀具路径检查"对话框，按图 3－97 所示的内容设置检查参数。

设置完参数后，单击"应用"按钮，系统即进行碰撞检查。检查完成后，弹出 Power-MILL 信息窗口，提示"无碰撞发现"，如图 3－98 所示。

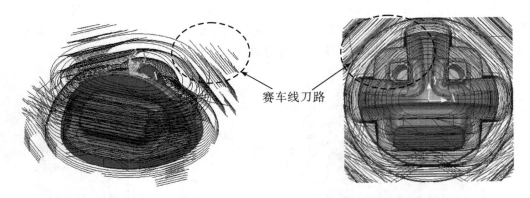

赛车线刀路

图 3 – 95   高速粗加工刀路   图 3 – 96   高速粗加工刀路俯视图

图 3 – 97   碰撞检查参数设置   图 3 – 98   碰撞检查结果

单击"确定"按钮关闭"刀具路径检查"对话框。

步骤三：粗加工仿真。

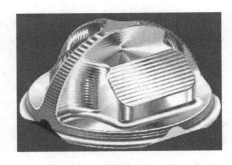

图 3 – 99   粗加工切削仿真结果

（1）在 PowerMILL 资源栏中，右击刀具路径 chu – d25r5，在弹出的快捷菜单条中，选择"自开始仿真"。

（2）在 PowerMILL 的 ViewMill 工具栏中，单击"开/关 ViewMill"按钮 🔵 及"光泽阴影图像"按钮 🌀 ，进入真实实体切削仿真状态。在 PowerMILL 仿真控制工具栏中，单击"运行"按钮 ▷ ，系统即进行仿真切削，其结果如图 3 – 99 所示。

在 ViewMill 工具栏中，单击"无图像"按钮 、"开/关 ViewMill"按钮 ，退出仿真状态，返回 PowerMILL 绘图窗口。

步骤四：计算倾斜型腔结构的二次粗加工刀具路径。

（1）创建二次粗加工刀具。

参照步骤一第（2）小步的操作方法，创建一把名称为 d10 的端铣刀。其尺寸规格如下：刀具直径为 10 mm，刀具刃长 20 mm，刀具体长 40 mm，刀具夹持直径为 80 mm，刀具伸出夹持长度为 60 mm。

（2）计算残留模型。

粗加工过后，在倾斜型腔结构部位残留了大量余量，这些余量的总和称为残留模型。使用 3 + 2 轴加工方式对残留模型进行第二次粗加工。

在 PowerMILL 资源栏中，右击"残留模型"树枝，在弹出的快捷菜单条中选择"产生残留模型"，系统即生成一个名称为"1"、内容为空白的残留模型。

双击"残留模型"树枝，将它展开。右击残留模型 1，在弹出的快捷菜单条中执行"应用"—"激活刀具路径在先"。再次右击残留模型 1，在弹出的快捷菜单条中执行"计算"，系统即计算出残留模型来。

在 PowerMILL 资源栏中，右击刀具路径 chu – d25r5，在弹出的快捷菜单条中选择"激活"。

再次右击残留模型 1，在弹出的快捷菜单条中执行"显示选项"—"阴影"，系统显示出图 3 – 100 所示的残留模型 1 来。

图 3 – 100 所示的残留模型 1 即二次粗加工的加工对象。在 PowerMILL 资源栏中，右击残留模型 1，在弹出的快捷菜单条中选择"显示"，关闭残留模型 1。

（3）创建用户坐标系。

用户坐标系用来定义 3 + 2 轴加工方式中机床主轴的朝向。倾斜型腔结构与世界坐标系的 Z 轴成 45°夹角，因此，用户坐标系的 Z 轴与世界坐标系的 Z 轴成 45°夹角即满足要求。

图 3 – 100   残留模型 1

在 PowerMILL 资源栏中，右击"用户坐标系"，在弹出的快捷菜单条中选择"产生用户坐标系"，打开"用户坐标系"对话框。按图 3 – 101 所示的步骤设置参数。

完成后，单击"接受"按钮，创建出用户坐标系 1 来，如图 3 – 102 所示。

（4）创建二次粗加工的边界。

边界用来约束 X 轴和 Y 轴方向的加工范围。在 PowerMILL 绘图区中，选择图 3 – 103 所示的曲面。

在 PowerMILL 资源栏中，右击"边界"，在弹出的快捷菜单条中执行"定义边界"—

"用户定义"，打开"用户定义边界"对话框，按图 3 – 104 所示的内容设置参数。

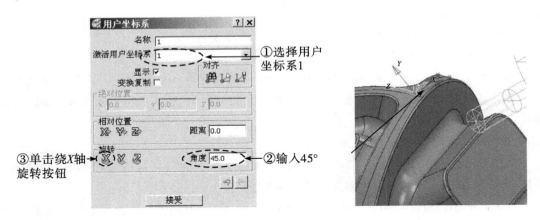

图 3 – 101　创建用户坐标系 1　　　　　　图 3 – 102　用户坐标系 1

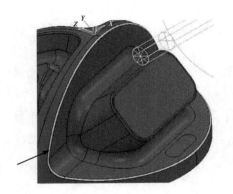

图 3 – 103　选择曲面

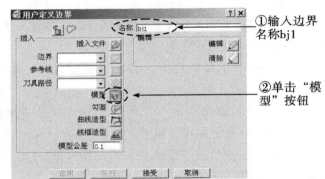

图 3 – 104　定义边界 bj1

完成后，单击"接受"按钮关闭对话框。系统创建的边界 bj1 如图 3 – 105 所示，包括两条封闭的线条，我们只需要用外围的一条线来做边界，因此要将内部的一条线删除。

在 PowerMILL 绘图区中，选择图 3 – 106 所示的线条，单击键盘中的 Delete 键，即删除该线。

在 PowerMILL 资源栏中，双击"边界"，将它展开，右击边界 bj1，在弹出的快捷菜单条中执行"编辑"—"水平投影"，即完成边界 bj1 的制作，如图 3 – 107 所示。

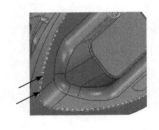

图 3 – 105　边界 bj1（局部）

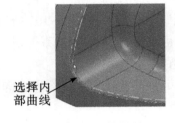

图 3 – 106　选择曲线

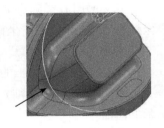

图 3 – 107　投影后的边界 bj1

（5）确认毛坯。

在 PowerMILL 主工具栏中，单击"毛坯"按钮 📦，打开"毛坯"对话框，设置图 3 - 108 所示的位置为"世界坐标系"，单击"接受"按钮关闭"毛坯"对话框。

（6）计算二次粗加工刀具路径。

在 PowerMILL 主工具栏中，单击"刀具路径策略"按钮 📄，打开"策略选取器"对话框，选择"三维区域清除"选项卡，在该选项卡中选择

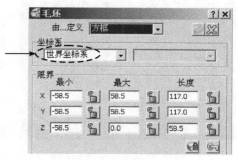

图 3 - 108　确认毛坯

"偏置区域清除模型"，单击"接受"按钮，打开"偏置区域清除［模型加工］"表格，按图 3 - 109 所示的内容设置参数。

设置完成后，单击"应用"按钮，系统计算出图 3 - 110 所示的刀具路径。

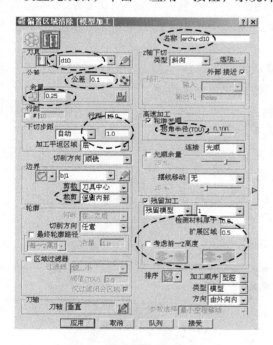

图 3 - 109　二次粗加工参数设置

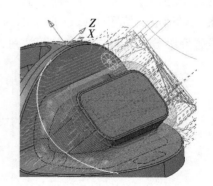

图 3 - 110　底座零件二次粗加工刀路

单击"取消"按钮关闭"偏置区域清除［模型加工］"表格。

（7）二次粗加工碰撞检查。

参照步骤二的第（3）小步的操作方法，对二次粗加工刀具路径进行碰撞检查。

（8）二次粗加工仿真。

在 PowerMILL 资源栏中，右击刀具路径 erchu - d10，在弹出的快捷菜单条中选择"自开始仿真"。

图 3 – 111   二次粗加工切削仿真结果

在 ViewMill 工具栏中，单击"开/关 ViewMill"按钮 、"光泽阴影图像"按钮。在 PowerMILL 仿真控制工具栏中，单击"运行"按钮 ，系统即进行仿真切削，其结果如图 3 – 111 所示。

在 ViewMill 工具栏中，单击"无图像"按钮、"开/关 ViewMill"按钮 ，退出仿真状态，返回 PowerMILL 绘图窗口。

步骤五：真实机床仿真切削。

对于多轴加工刀具路径，不仅要考虑刀具与工件的碰撞情况，还要考虑机床主轴与工件以及工作台是否会发生相互干涉的问题。这就要求在仿真加工时，能将机床（主要是机床主轴与工作台）也考虑进来。大家都知道，五轴机床结构多种多样，要将机床纳入仿真环境，必须要建立一个规模不小的数据库，来记录众多构造不同的机床。Delcam PowerMILL 系统建立了一个包括全世界 30 多家知名机床制造商的五轴机床产品数据库，几乎囊括了目前市面上所见的全部五轴机床。真实机床仿真切削操作步骤如下：

（1）建立用户坐标系：PowerMILL 系统默认机床工作台上表面中心为工件坐标系，因此，在本例中，要想将毛坯放置到工作台上，需建立用户坐标系。

在 PowerMILL 资源栏中，双击"用户坐标系"，展开它。右击用户坐标系 1，在弹出的快捷菜单条中选择"激活"，取消用户坐标系 1 的激活状态。

右击"用户坐标系"，在弹出的快捷菜单条中选择"产生用户坐标系"，打开"用户坐标系"对话框，按图 3 – 112 所示的内容设置参数。

设置完参数后，单击"接受"按钮，创建出用户坐标系 2 来，如图 3 – 113 所示。

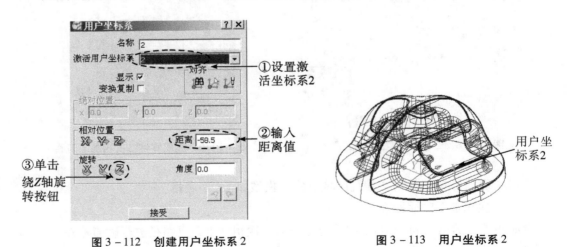

图 3 – 112   创建用户坐标系 2   图 3 – 113   用户坐标系 2

（2）载入机床：我们以 Mikron 公司生产的 HSM400U 工作台倾斜五轴机床为例来说明操作步骤。

在 PowerMILL 主菜单栏中，执行"查看"—"工具栏"，勾选工具栏下拉菜单条中的"机床"选项，将机床工具栏调出来，如图 3－114 所示。

图 3－114 机床工具栏

单击机床工具栏中的"打开"按钮，打开"输入机床"对话框。选择"∗：\ Delcam \ PowerMILL006 \ file \ examples \ MachineData"文件夹内的"Mikron_HSM400U. mtd"文件，单击"输入机床"对话框中的"打开"按钮，将机床调入 PowerMILL 绘图区。

单击机床工具栏中的"坐标系选择"按钮，选择用户坐标系 2。此时工件安装在机床上，如图 3－115 所示。

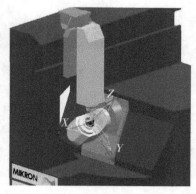

图 3－115 载入的真实机床

（3）真实机床仿真：在 ViewMill 工具栏中，单击"动态图像"按钮，切换到动态图像状态。在 PowerMILL 资源栏中，右击刀具树枝下的 d10 刀具，在弹出的快捷菜单条中选择"阴影"，将刀具用实体显示。

在仿真工具栏中，单击"运行"按钮，系统即开始真实机床仿真切削，如图 3－116 所示。

仿真完成后，单击机床工具栏中的"显示/不显示机床"按钮，关闭机床显示。单击 ViewMill 工具栏中的"无图像"按钮，退出系统的仿真环境。

步骤六：计算倾斜型腔结构外围面半精加工刀具路径。

（1）创建精加工刀具：参照步骤一第（2）小步的操作方法，创建一把名称为 bn8 的球头铣刀。其尺寸规格如下：刀具直径为 8 mm，刀具刃长 20 mm，刀具体长 40 mm，刀具夹持直径为 80 mm，刀具伸出夹持长度为 60 mm。

图 3－116 真实机床仿真切削

（2）取消激活二次粗加工刀具路径：在 PowerMILL 资源栏中，右击刀具路径 erchu－d10，在弹出的快捷菜单条中选择"激活"。

（3）创建半精加工边界：在 PowerMILL 资源栏中，右击边界 bj1，在弹出的快捷菜单条中执行"编辑"—"复制边界"，复制出一条新边界 bj1_1 来。

在绘图区选择图 3－117 所示的平面。

在 PowerMILL 资源栏中，右击边界 bj1_1，在弹出的快捷菜单条中选择"激活"。再次右击边界 bj1_1，在弹出的快捷菜单条中执行"插入"—"模型"，创建出图 3－118 所示的边界。

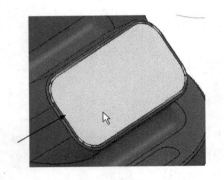

图 3 - 117　选择平面

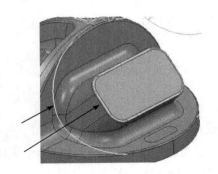

图 3 - 118　创建的新边界 bj1_1

（4）设置半精加工切削用量：参照步骤一第（3）小步的操作方法，设置主轴转速为 3 000 rpm，切削进给率为 5 000 mm/min，下切进给率为 600 mm/min，掠过进给率为 9 000 mm/min。

（5）计算型腔外围面半精加工刀具路径：在 PowerMILL 主工具栏中，单击"刀具路径策略"按钮 ，打开"策略选取器"对话框，选择"精加工"选项卡，在该选项卡中选择"三维偏置精加工"，单击"接受"按钮，打开"三维偏置精加工"表格，按图 3 - 119 所示的内容设置参数。

设置完成后，单击"应用"按钮，系统计算出图 3 - 120 所示的刀具路径。

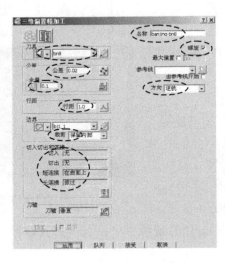

图 3 - 119　外围面半精加工参数设置

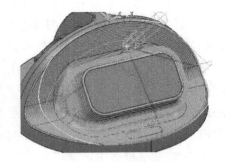

图 3 - 120　外围面半精加工刀路

单击"取消"按钮关闭"三维偏置精加工"表格。

（6）外围面半精加工碰撞检查：参照步骤二第（3）小步的操作方法，对外围面半精加工刀路进行碰撞检查。

（7）外围面半精加工仿真：在 PowerMILL 资源栏中，右击刀具路径 banjing - bn8，在弹出的快捷菜单条中选择"自开始仿真"。

在 ViewMill 工具栏中，单击"开/关 ViewMill"按钮、"光泽阴影图像"按钮。在 PowerMILL 仿真控制工具栏中，单击"运行"按钮，系统即进行仿真切削，其结果如图 3 – 121 所示。

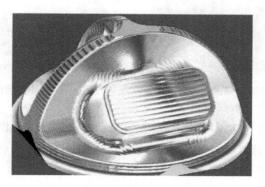

图 3 – 121　外围面半精加工仿真结果

在 ViewMill 工具栏中，单击"无图像"按钮、"开/关 ViewMill"按钮，退出仿真状态，返回 PowerMILL 绘图窗口。

步骤七：计算倾斜型腔结构外围面精加工刀具路径。

（1）在 PowerMILL 资源栏中，右击刀具路径 banjing – bn8，在弹出的快捷菜单条中选择"设置"，打开"三维偏置精加工"表格。单击该表格中的"复制刀具路径"按钮，即生成一张新表格，按图 3 – 122 所示的内容设置精加工参数。

设置完成后，单击"应用"按钮，系统计算出图 3 – 123 所示的刀具路径。

单击"取消"按钮关闭"三维偏置精加工"表格。

（2）外围面精加工碰撞检查：参照步骤二第（3）小步的操作方法，对外围面精加工刀路进行碰撞检查。

（3）外围面精加工仿真：在 PowerMILL 资源栏中，右击刀具路径 jing – bn8，在弹出的快捷菜单条中选择"自开始仿真"。

在 ViewMill 工具栏中，单击"开/关 ViewMill"按钮、"光泽阴影图像"按钮。在 PowerMILL 仿真控制工具栏中，单击"运行"按钮，系统即进行仿真切削，其结果如图 3 – 124 所示。

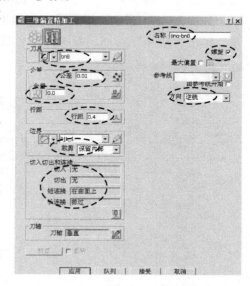

图 3 – 122　外围面精加工参数设置

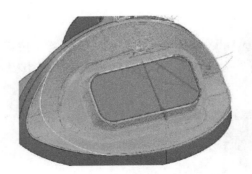

图 3 – 123　外围面精加工刀路　　　　图 3 – 124　外围面精加工仿真结果

在 ViewMill 工具栏中，单击"无图像"按钮、"开/关 ViewMill"按钮，退出仿真状态，返回 PowerMILL 绘图窗口。

步骤八：计算倾斜型腔顶面精加工刀具路径。

（1）创建刀具。

参照步骤一第（2）小步的操作方法，创建一把名称为 d6 的端铣刀。其尺寸规格如下：刀具直径为 6 mm，刀具刃长 20 mm，刀具体长 40 mm，刀具夹持直径为 80 mm，刀具伸出夹持长度为 60 mm。

（2）计算型腔顶面精加工刀具路径。

在 PowerMILL 主工具栏中，单击"刀具路径策略"按钮 ，打开"策略选取器"对话框，选择"精加工"选项卡，在该选项卡中选择"偏置平坦面精加工"，单击"接受"按钮，打开"偏置平坦面精加工"表格。

如图 3 – 125 所示，设置了高速加工选项，系统将计算出适合于高速加工的刀具路径来。单击"应用"按钮，系统计算出图 3 – 126 所示的刀具路径。

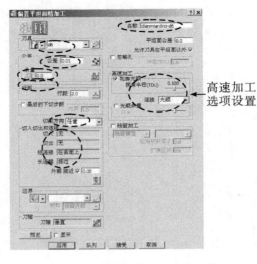

图 3 – 125　顶面精加工参数设置

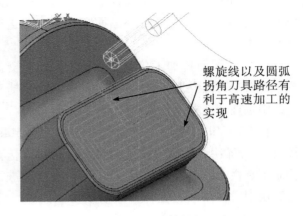

螺旋线以及圆弧拐角刀具路径有利于高速加工的实现

图 3 – 126　顶面精加工刀路

单击"取消"按钮关闭"偏置平坦面精加工"表格。

（3）顶面精加工碰撞检查。

参照步骤二第（3）小步的操作方法，对顶面精加工刀路进行碰撞检查。

（4）顶面精加工仿真。

在 PowerMILL 资源栏中，右击刀具路径 dianmianjing－d6，在弹出的快捷菜单条中选择"自开始仿真"。

在 ViewMill 工具栏中，单击"开/关 ViewMill"按钮、"光泽阴影图像"按钮。在 PowerMILL 仿真控制工具栏中，单击"运行"按钮，系统即进行仿真切削，其结果如图 3－127 所示。

图 3－127　顶面精加工仿真结果

在 ViewMill 工具栏中，单击"无图像"按钮、"开/关 ViewMill"按钮，退出仿真状态，返回 PowerMILL 绘图窗口。

步骤九：计算倾斜粗加工刀具路径。

（1）创建边界 bj2。在 PowerMILL 绘图区中，选择图 3－128 所示的平面。

在 PowerMILL 资源栏中，右击边界树枝，在弹出的快捷菜单条中执行"定义边界"—"用户定义"，打开"用户定义边界"对话框，按图 3－129 所示的内容设置参数。

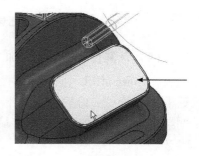

图 3－128　选择型腔顶面

单击"用户定义边界"对话框中的"应用"按钮，系统创建图 3－130 所示的边界。

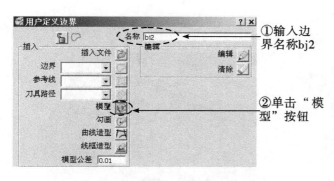

图 3－129　创建边界 bj2

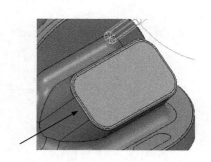

图 3－130　边界 bj2

（2）删除补面。在 PowerMILL 资源栏中，双击"模型"，展开它。右击模型 bumian，在弹出的快捷菜单条中选择"删除模型"，将型腔顶部补面删除。

（3）创建毛坯。在 PowerMILL 主工具栏中，单击"毛坯"按钮，打开"毛坯"表格，按图3-131所示的内容设置毛坯参数。

单击"接受"按钮，系统计算出图3-132所示的毛坯。

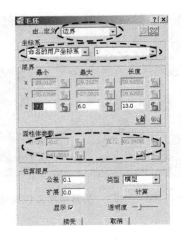

图3-131 毛坯参数

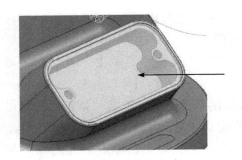

图3-132 型腔毛坯

（4）计算传统的型腔粗加工刀具路径。

在PowerMILL主工具栏中，单击"刀具路径策略"按钮 ，打开"策略选取器"对话框，选择"三维区域清除"选项卡，在该选项卡中选择"偏置区域清除模型"，单击"接受"按钮，打开"偏置区域清除［模型加工］"表格，按图3-133所示的内容设置参数。

设置完参数后，单击"应用"按钮，系统计算出图3-134所示的刀具路径。

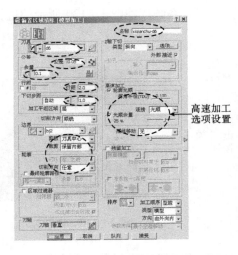

图3-133 传统的型腔粗加工刀具参数

图3-134 传统的型腔粗加工刀具路径

（5）计算加入自动摆线的型腔粗加工刀具路径。

图 3-134 所示的粗加工刀具路径的不足之处在于，在型腔四周转角处，刀具切削量增加，切削力增大。如果在这些地方加入自动摆线刀具路径，则能有效地改善刀具的切削状况，从而提高切削效率。

PowerMILL 自动摆线加工技术通过在需切除大量材料的地方使用摆线初加工策略，避免了使用传统偏置初加工策略中可能出现的高切削载荷。由于在材料大量聚积的位置使用了摆线加工方式切除材料，降低了刀具切削负荷，提高了载荷的稳定性，因此，可对这些区域实现高速加工。

单击"修改参数"按钮 ，按图 3-135 所示的内容设置自动摆线参数。

设置完参数后，单击"应用"按钮，系统计算出图 3-136 所示的刀具路径。

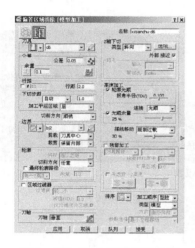

图 3-135 加入自动摆线的型
腔粗加工刀具参数

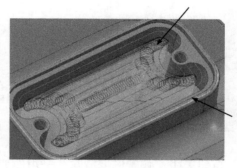

在型腔转角处
加入自动摆线
刀具路径，使
切削量均匀化

图 3-136 加入自动摆线的型腔粗加工刀具路径

单击"取消"按钮，关闭"偏置区域清除［模型加工］"表格。

（6）型腔粗加工碰撞检查。

参照步骤二第（3）小步的操作方法，对型腔粗加工刀路进行碰撞检查。

（7）型腔粗加工仿真。

在 PowerMILL 资源栏中，右击刀具路径 xiqian-chu-d6，在弹出的快捷菜单条中选择"自开始仿真"。

在 ViewMill 工具栏中，单击"开/关 ViewMill"按钮、"光泽阴影图像"按钮。在 PowerMILL 仿真控制工具栏中，单击"运行"按钮 ，系统即进行仿真切削，其结果如图 3-137 所示。

图 3-137 型腔粗加工仿真结果

在 ViewMill 工具栏中，单击"无图像"按钮、"开/关 ViewMill"按钮，退出仿真状态，返回 PowerMILL 绘图窗口。

步骤十：计算型腔精加工刀具路径。

（1）在 PowerMILL 资源栏中，右击刀具路径 xiqianchu - d6，在弹出的快捷菜单条中选择"设置"，打开"偏置区域清除［平坦面加工］"表格。单击该表格中的"复制刀具路径"按钮，即生成一张新表格，按图 3 -138 所示的内容设置精加工参数。

设置完成后，单击"应用"按钮，系统计算出图 3 -139 所示的刀具路径。

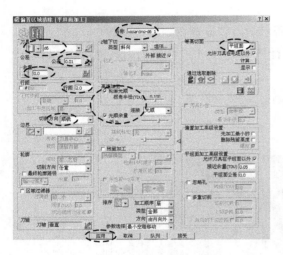

图 3 -138　型腔精加工参数设置

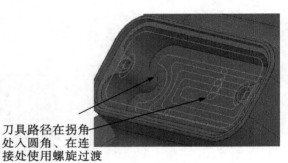

刀具路径在拐角
处入圆角、在连
接处使用螺旋过渡

图 3 -139　型腔精加工刀路

单击"取消"按钮关闭"偏置区域清除［平坦面加工］"表格。

（2）型腔精加工碰撞检查：参照步骤二第（3）小步的操作方法，对型腔精加工刀路进行碰撞检查。

图 3 -140　型腔精加工仿真结果

（3）型腔精加工仿真：在 PowerMILL 资源栏中，右击刀具路径 xiqianjing - d6_1，在弹出的快捷菜单条中选择"自开始仿真"。

在 ViewMill 工具栏中，单击"开/关 ViewMill"按钮、"光泽阴影图像"按钮。在 PowerMILL 仿真控制工具栏中，单击"运行"按钮，系统即进行仿真切削，其结果如图 3 -140 所示。

在 ViewMill 工具栏中，单击"无图像"按钮、"开/关 ViewMill"按钮，退出仿真状态，返回 PowerMILL 绘图窗口。

步骤十一：钻孔。

使用 3 +2 轴加工方式能很容易地加工出型腔上的两个倾斜孔来。同时，PowerMILL 软件具备五轴自动识别孔的功能，这样大大提高了编程效率。

（1）创建钻头：根据孔径，创建直径为 3 mm 的钻头。在 PowerMILL 资源栏中，右击"刀具"，在弹出的快捷菜单条中选择"产生刀具"—"钻头"，打开"钻孔刀具"对话框，按图 3 – 141、图 3 – 142、图 3 – 143 所示的对话框设置钻头及其夹持参数。

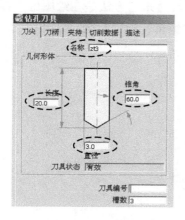

图 3 – 141　刀尖参数

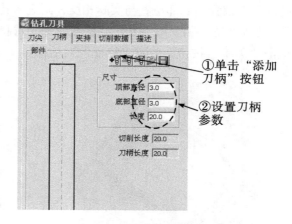

图 3 – 142　刀柄参数

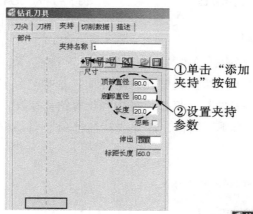

图 3 – 143　夹持参数

完成参数设置后，单击"关闭"按钮，关闭"钻孔刀具"对话框。

（2）识别孔特征。

为了定义钻孔对象以及区分不同直径的孔，在钻孔前要将模型上的孔识别出来。

在 PowerMILL 资源栏中，右击"特征设置"，在弹出的快捷菜单条中选择"识别模型中的孔"，打开"特征"对话框，按图 3 – 144 所示的内容设置识别孔的参数。

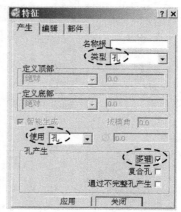

图 3 – 144　识别孔参数

在绘图区中，拉框选择图 3 - 145 所示的模型部分曲面，然后单击"特征"对话框中的"应用"按钮，系统识别出图 3 - 146 所示的孔特征（注意，需先将模型隐藏后才能看到）。

图 3 - 146 所示的是识别出来的孔。要注意的是，孔的顶部用点表示，底部用叉表示。如果孔的顶部位置和底部位置与实际相反，则应将孔反转过来。方法是在绘图区选择要编辑的孔，然后右击该孔，在弹出的快捷菜单条中选择"编辑"—"反向已选孔"。

单击"关闭"按钮，关闭"特征"对话框。

图 3 - 145　选择曲面

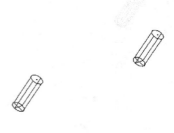

图 3 - 146　识别出来的孔

（3）计算钻孔刀具路径。

在 PowerMILL 主工具栏中，单击"刀具路径策略"按钮 ，打开"策略选取器"对话框，单击"钻孔"选项卡，切换到钻孔策略界面，选择"钻孔"策略，单击"接受"按钮打开"钻孔"表格，按图 3 - 147 所示的内容设置钻孔参数。

单击钻孔表格中的"选项"按钮，打开"特征选项"对话框，定义钻孔对象，如图 3 - 148 所示。

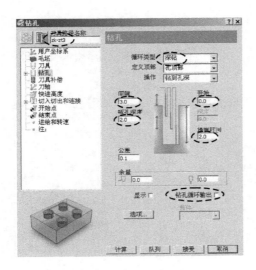

图 3 - 147　钻孔参数

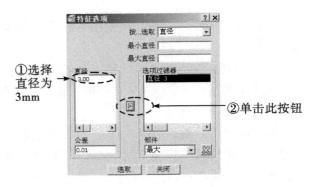

图 3 - 148　定义钻孔对象

单击"选取""关闭"按钮，关闭"特征选项"对话框。

单击"钻孔"表格中的"计算"按钮，系统计算出图 3 - 149 所示的钻孔刀具路径。

单击"取消"按钮，关闭"钻孔"对话框。

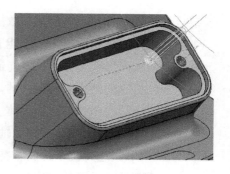

图 3 - 149　钻孔刀具路径

步骤十二：后处理刀具路径。

（1）PowerMILL 后置处理概述。

数控机床由 NC 指令来控制其运动。获取 NC 指令的两种主要方式是手工编程和自动编程。手工编程直接写出 NC 代码，不需要进行后置处理运算。而自动编程过程中，必须将刀具路径输出为 NC 代码，这一过程即自动编程软件的后置处理。

PowerMILL 系统的后置处理可以用两个可执行程序来完成。一种是较早期的基于 DOS 界面的 ductpost. exe，另一种是基于 Windows 界面的 pmpost. exe。

后置处理需要根据机床构造和数控系统的准备功能与辅助功能来输出相应的 NC 指令。PowerMILL 系统用机床选项文件来记录不同机床、不同数控系统的特性，如机床行程极限、各种插补与辅助功能指令等。对于 ductpost. exe 后处理程序，使用的是 opt 格式的机床选项文件，对于 pmpost. exe 后处理程序，使用的是 pmopt 格式的机床选项文件。

PowerMILL 系统提供了市面上绝大多数数控系统的机床选项文件，同时，读者还可以结合现有数控机床对相应的机床选项文件进行适当的修改，以满足使用要求。表 3 - 5 列出了部分常见系统的机床选项文件，这些文件放置在 ＊：\ dcam \ config \ ductpost 目录下。

表 3 - 5　常见数控系统的机床选项文件

数控系统名称	机床选项文件	支持的数控系统类型
FANUC	fanuc6m. opt、 fanuc10m. opt、 fanuc11m. opt、 fanuc12m. opt、fanuc15m. opt、fanuc0m. opt	FANUC6M、10M、11M、12M、15M、0M
SIEMENS	siem850. opt	SIEM800、810、850
HEIDENHAIN	heid400. opt、heidiso. opt	HEID150、355、155、400
FIDIA	fidia. opt	FIDIA
FAGOR	fagor. opt	FAGOR
DECKEL	deckel3. opt、deckel4. opt、deckel11. opt	DECKEL Dialogue3、4、11
MITSUBISHI	mitsu. opt	MITSUBISHI

（2）PowerMILL 五轴加工机床与后置处理。

五轴数控机床的结构与运动均比三轴数控机床复杂，与其相匹配的机床选项文件一定要结合五轴机床的实际结构及其数控系统具备的功能来订制和选用。读者一定要记住，同一个三轴机床的机床选项文件可能适用于其他很多种三轴机床的后置处理运算，但同一个五轴机床的机床选项文件不一定能适用于其他五轴数控机床，因为五轴加工的后置处理运算是与五轴机床的结构紧密相关的。

五轴机床结构多种多样，大体上可将它们分为三大类，包括主轴倾斜型五轴机床、工作台倾斜型五轴机床、工作台/主轴倾斜型五轴机床。常见的主轴倾斜型五轴机床结构如图 3 - 150 所示，这类机床的显著特点是主轴加工灵活，工作台承载能力大，主要适用于加工大型零部件。常见的工作台倾斜型五轴机床结构如图 3 - 151 所示，这类机床的显著特点是主轴结构简单、刚性好，工作台运动灵活，主要适用于加工一些小型零部件。

常见的工作台/主轴倾斜型五轴机床结构如图 3 - 152 所示，这类机床的显著特点是兼顾上述两种五轴机床的优点。

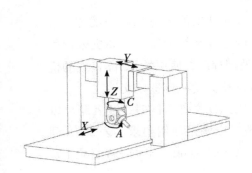 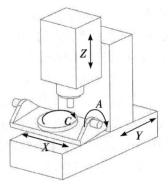 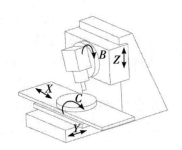

图 3 - 150 主轴倾斜型五轴
机床结构原理图

图 3 - 151 工作台倾斜型五轴
机床结构原理图

图 3 - 152 工作台/主轴倾斜型
五轴机床结构原理图

与三轴数控机床的机床选项文件相比，五轴数控机床的机床选项文件要多定义一些内容。主要包括旋转轴名称及其行程极限、仰角与方位角参数、RTCP 功能等内容。

（3）PowerMILL 后置处理操作过程。

在 PowerMILL 资源栏中，右击刀具路径 chu - d25r5，在弹出的快捷菜单条中选择"产生独立的 NC 程序"，系统即将刀具路径 chu - d25r5 写为 NC 程序 chu - d25r5。

在 PowerMILL 资源栏中，双击 NC 程序树枝，将它展开。右击 NC 程序树枝下的 NC 程序 chu - d25r5，在弹出的快捷菜单条中选择"设置"，打开"NC 程序：chu - d25r5"对话框，按图 3 - 153 所示的内容设置参数。

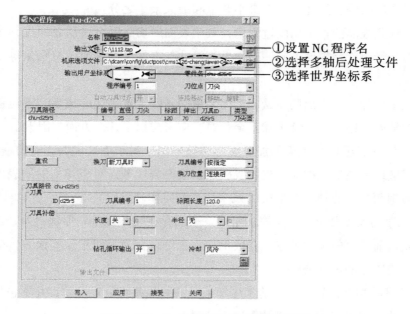

①设置 NC 程序名
②选择多轴后处理文件
③选择世界坐标系

图 3 - 153　3 + 2 轴加工刀路后处理设置

注：在编制 3 + 2 轴刀具路径时，使用的是用户坐标系，但是在后处理 3 + 2 轴刀具路径为 NC 程序时，必须设置输出坐标系为对刀坐标系（一些数控编程教材中也称为工件零点、工件坐标系等）。

步骤十三：保存加工项目文件。

在 PowerMILL 下拉菜单条中，执行"文件"—"保存项目"，打开"保存项目"为对话框，输入项目名为"bracket"，单击"保存"按钮。

四、相关知识

（一）加工余量的确定

加工余量的确定是机械加工中很重要的问题，正确地确定加工余量具有很大的经济意义。余量过大，不但浪费材料，而且增加机械加工的工作量，从而降低劳动生产率，增加产品的成本。在某些情况下，还会影响产品质量的提高。余量太小，一方面会提高毛坯的制造精度，使毛坯制造困难，另一方面还会造成表面加工困难，甚至因毛坯表面缺陷未能完全切除即已达到尺寸要求而使工件报废。

1. 加工余量的基本概念

加工余量分为工序（加工）余量和总（加工）余量。

某一表面在一道工序中所切除的金属层厚度，称为该表面的工序余量。工序余量也就是同一表面相邻的前后工序尺寸之差。按照基本尺寸计算出的工序余量称为基本余量。由于毛坯制造和各机械加工工序都存在加工偏差，因此，实际上切除的工序余量是变化的，与基本余量是有出入的，因此，又有最小余量和最大余量之分。

零件从毛坯到成品的整个切削过程中，某一表面所切除的金属层总厚度，称为该表面的总余量。总余量也就是零件上同一表面毛坯尺寸与零件尺寸之差。总余量等于各工序余量之和。

为了保证工件加工的表面层质量，工序余量必须保证本工序完成后，不再留有前工序的加工痕迹和缺陷。因此，在确定加工余量时，应考虑以下几个方面的因素：

（1）前工序（或毛坯）表面的加工痕迹和缺陷层。对于毛坯表面，有铸铁的冷硬层、气孔、夹渣，锻件和热处理的氧化皮、脱碳层、表面裂纹等。对于切削后的表面，有表面粗糙度和因切削而产生的塑性变形层（残余应力和冷作硬化层）等。

（2）前工序的尺寸公差。前工序加工后，表面存在尺寸误差和形状误差，这些误差的总和一般不超过前工序的尺寸公差。在成批加工工件时，为了纠正这些误差，确定本工序余量时应计入前工序的尺寸公差。

（3）前工序的相互位置误差。前工序加工后的某些相互位置误差，并不包括在尺寸公差范围内，因此，在确定余量时应计入这部分误差。

（4）本工序加工时的安装误差。其包括工件的定位误差、夹紧误差及夹具的制造与调整误差或工件的找正误差等。这些误差直接影响工件被加工表面与切削刀具之间的相对位置，使加工余量不均匀，甚至造成余量不足，因此，在确定工序余量时应考虑安装误差的因素。

（5）热处理变形量。工件热处理过程中会产生变形，使工件热处理前获得的尺寸和形状发生变化，因此，在确定工序余量时应考虑热处理变形量。

（6）工序的特殊要求。如非淬硬表面在渗碳后需要切除的渗碳层，对于不允许保留的中心孔需予以切除等。

2. 确定加工余量的方法

确定加工余量的方法有分析计算法、查表修正法和经验估算法三种。

（1）分析计算法。由于工艺研究不够，缺少可靠的实验数据资料，计算困难，因此，目前应用极少。

（2）查表修正法。这种方法是根据以工厂生产实践中统计的数据和试验研究积累的关于加工余量的资料数据为基础编制的加工余量标准，考虑不同加工方法和加工条件，在机械加工工艺手册中查找，查得的数据再结合实际加工情况进行修正，最后确定合理的加工余量。这是目前普遍采用的方法。

（3）经验估算法。这种方法是根据经验确定加工余量，为了防止余量不足而产生废品，所估算的余量往往偏大，因此，常用于单件、小批量生产。

（二）六点定位的原理

1. 零件的定位

零件的定位有两层含义，一是夹具在机床上的定位，即将夹具安装在机床上，经过调整后使夹具、刀具及机床之间获得正确的相对位置；二是零件在夹具中的定位，即使零件在夹具中占有一个正确的位置。在机床上采用夹具安装法加工时，必须采用上述两个措施，才能使机床、刀具、夹具、零件四者之间始终保持相对的正确位置，加工出合格的零件。

2. 六点定位原理

任何一个自由刚体（零件）在空间直角坐标系中都有六个自由度。如图 3 – 154 所示，零件可以沿三个互相垂直的坐标轴移动，分别用 $\vec{X}$、$\vec{Y}$、$\vec{Z}$ 表示；还可以绕三个坐标轴转动，分别用 $\hat{X}$、$\hat{Y}$、$\hat{Z}$ 表示。这样，零件在这六个自由度方向上的位置就没有被确定。

零件要正确定位，就必须限制这六个自由度，实现的方法是用适当布置的六个支承点来限制零件的六个自由度。如图 3 – 155 所示，在空间坐标系的 *XOY* 平面上布置三个支承点 1、2、3，使零件的底面紧贴在这三点上，限制了 $\vec{Z}$、$\hat{X}$、$\hat{Y}$ 三个自由度；在 *YOZ* 平面上布置两个支承点 4、5，使零件的侧面紧贴在这两点上，限制了 $\vec{X}$、$\hat{Z}$ 两个自由度；在 *XOZ* 平面上布置一个支承点，使零件的端面紧贴在这一点上，限制了 $\vec{Y}$ 一个自由度。这种用合理分布的六个支承点限制零件六个自由度的方法，称为六点定位原理。

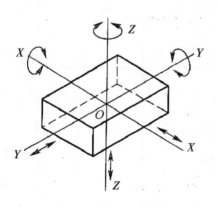

图 3 – 154　刚体在空间直角坐标系的六个自由度

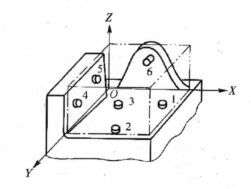

图 3 – 155　零件的六点定位

零件在实际加工时并不一定要求限制全部自由度，其需限制自由度的数目由零件的形状在该工序中的加工要求决定。按照限制零件自由度数目的不同，定位方式可分为以下几种。

（1）完全定位。

完全定位是指零件的六个自由度全部被限制的一种定位状态。当零件在三个坐标方向上均有尺寸或位置精度要求时，一般采用这种定位方式。

（2）不完全定位。

不完全定位是指零件被限制的自由度数目少于六个，但能保证加工要求的一种定位状态。如磨平面的加工，其要求为保证板厚和加工面与底面的平行。这时只需限制三个自由度即可。

（3）欠定位。

欠定位是指零件实际定位所限制的自由度数目少于按其加工要求所必须限制的自由度数目时的一种定位状态。由于应限制的自由度未被限制，故工序所规定的加工要求必然无法得到保证。

（4）过定位。

过定位是指多个支承点重复限制同一个自由度的一种定位状态，又称为重复定位。过定位若使用得当，可起到增加刚性和定位稳定性的作用。

表 3-6　典型定位元件的定位分析

零件定位基面	定位元件	定位方式简图	定位元件特点	限制的自由度
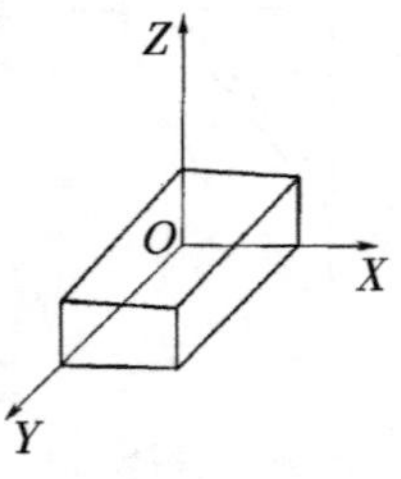	支承钉	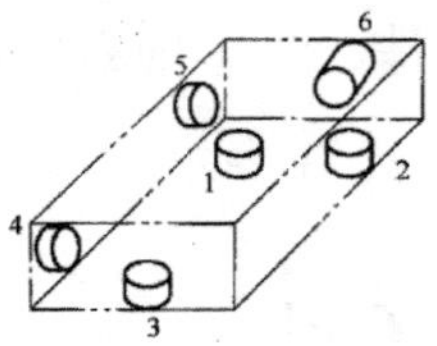		1、2、3——$\vec{Z}$、$\hat{X}$、$\hat{Y}$ 4、5——$\vec{X}$、$\hat{Z}$ 6——$\vec{Y}$
	支承板	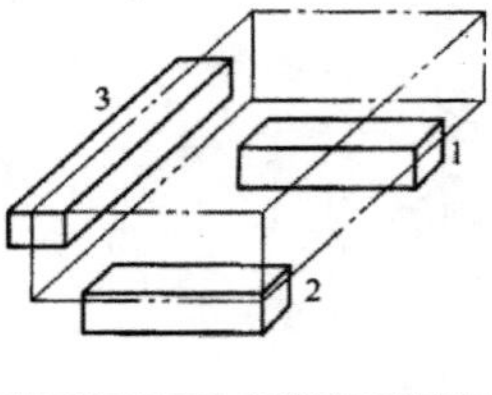		1、2——$\vec{Z}$、$\hat{X}$、$\hat{Y}$ 3——$\vec{X}$、$\hat{Z}$
	固定支承与辅助支承	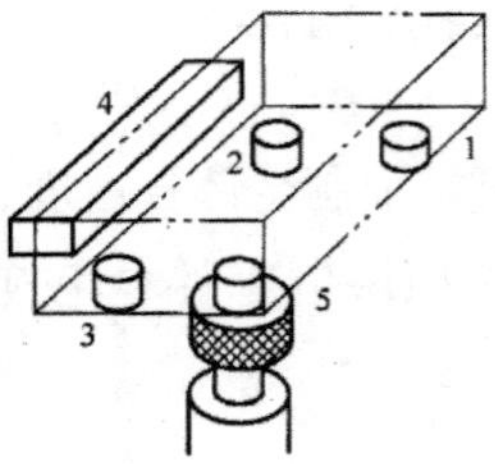	1、2、3、4——固定支承 5——辅助支承	1、2、3——$\vec{Z}$、$\hat{X}$、$\hat{Y}$ 4——$\vec{X}$、$\hat{Z}$ 5——增加刚性，不限制自由度

（续上表）

零件定位基面	定位元件	定位方式简图	定位元件特点	限制的自由度
圆孔 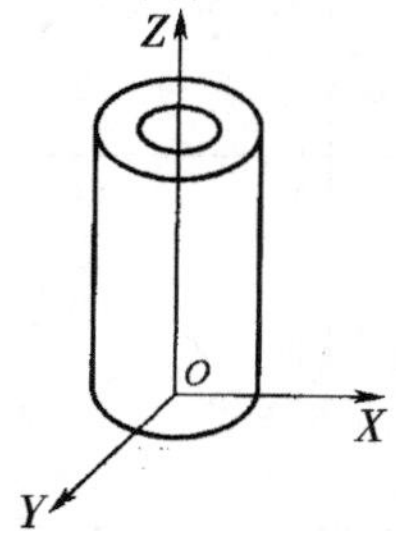	定位销（心轴）	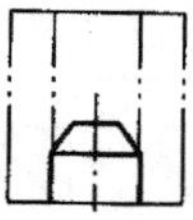	短销（短心轴）	$\vec{X}$、$\vec{Y}$
		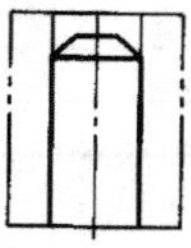	长销（长心轴）	$\vec{X}$、$\vec{Y}$ $\hat{X}$、$\hat{Y}$
	锥销	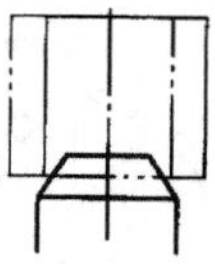	单锥销	$\vec{X}$、$\vec{Y}$、$\vec{Z}$
		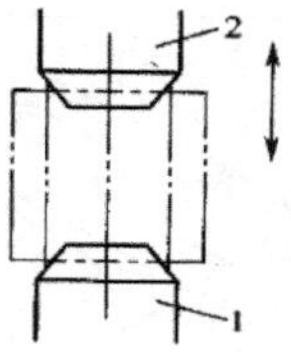	1——固定销 2——活动销	$\vec{X}$、$\vec{Y}$、$\vec{Z}$ $\hat{X}$、$\hat{Y}$
外圆柱面 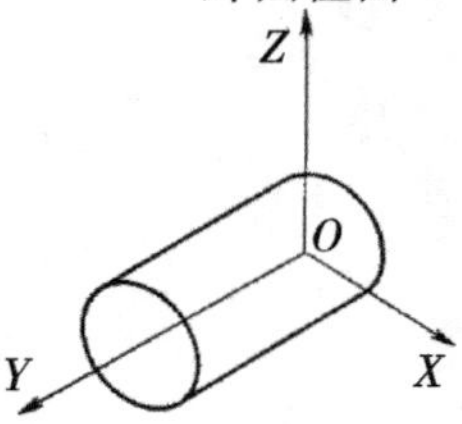	定位套	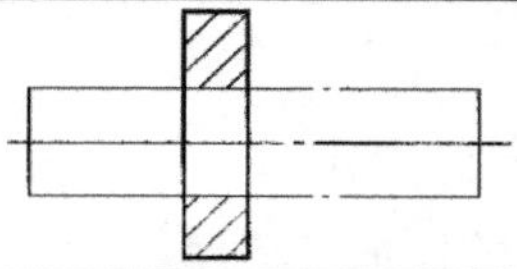	短套	$\vec{X}$、$\vec{Z}$
		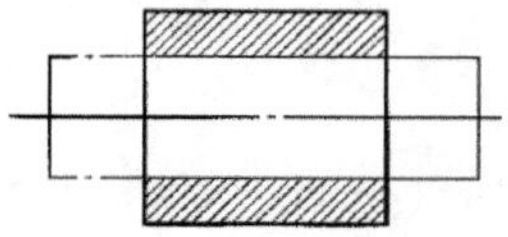	长套	$\vec{X}$、$\vec{Z}$ $\hat{X}$、$\hat{Z}$
	半圆套	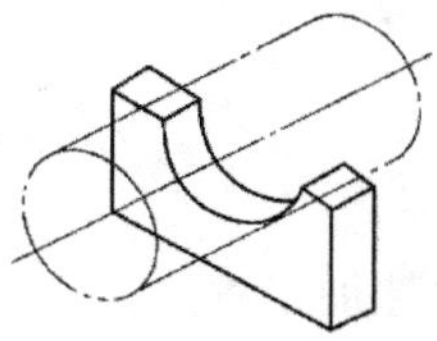	短半圆套	$\vec{X}$、$\vec{Z}$
			长半圆套	$\vec{X}$、$\vec{Z}$ $\hat{X}$、$\hat{Z}$
	锥套	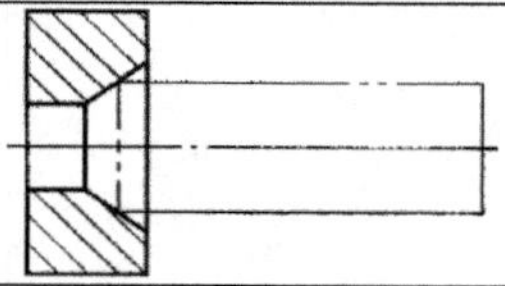		$\vec{X}$、$\vec{Y}$、$\vec{Z}$
		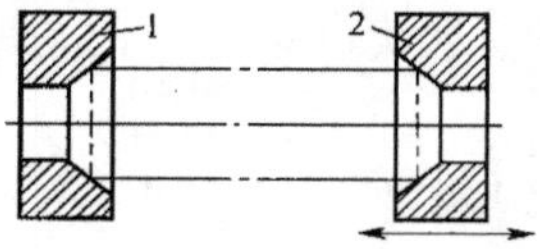	1——固定锥套 2——活动锥套	$\vec{X}$、$\vec{Y}$、$\vec{Z}$ $\hat{X}$、$\hat{Z}$

（续上表）

零件定位基面	定位元件	定位方式简图	定位元件特点	限制的自由度
外圆柱面 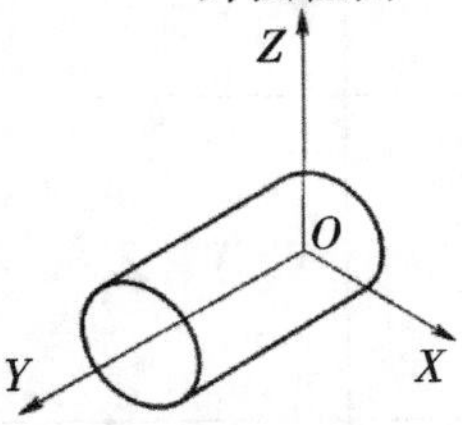	支承板或支承钉	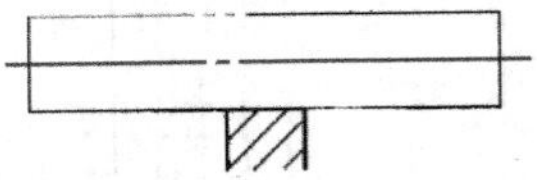	短支承板或支承钉	$\vec{Z}$
			长支承板或两个支承钉	$\hat{X}$、$\vec{Z}$
	V 形块	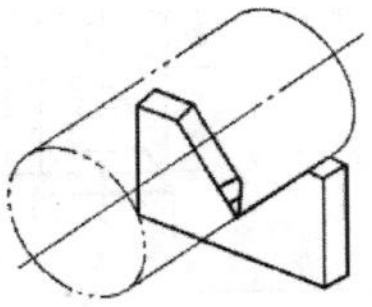	窄 V 形块	$\vec{X}$、$\vec{Z}$
			宽 V 形块	$\vec{X}$、$\vec{Z}$ $\hat{X}$、$\hat{Z}$

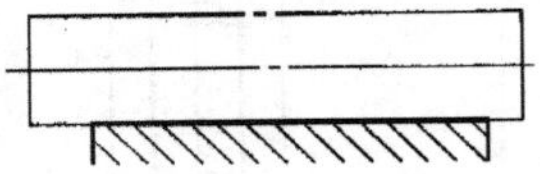

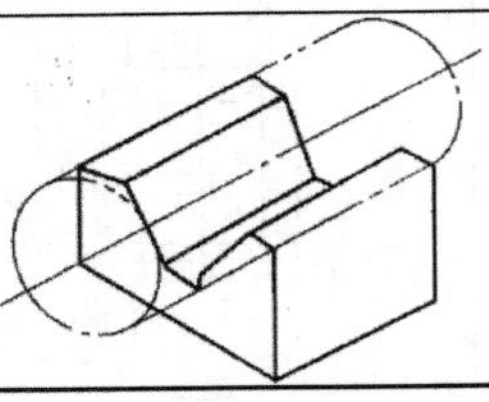

▶ **练习与思考** ▶▶

1. 试编制下图所示的零件的数控加工程序。

2. 试编制下图所示的零件的数控加工程序。

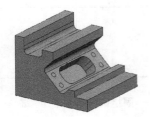

任务 ③ 多轴加工项目

学习目标

（1）掌握 PowerSHAPE 叶轮零件造型功能。

（2）了解 PowerMILL 软件在五轴加工编程方面的优势。

（3）掌握 PowerMILL 软件叶轮加工模块的编程步骤和方法。

（4）掌握 PowerMILL 软件五轴机床模拟加工干涉检查。

学习内容

整体叶轮作为发动机至关重要的零部件之一，被广泛应用到航空、航天与水资源能量转移等领域中。它的加工质量直接影响其空气动力性能、水或空气能量转移的效率和质量，故它的加工质量成为提高发动机效率与质量的主要指标。叶轮的整体结构非常复杂，从而导致其数控加工技术一直成为制造行业的一个重点。在实际生产中，除了必须配备高精度的五坐标加工数控机床，另外先进的 CAD/CAM 编程软件对编写出合理的加工程序尤其重要。

叶轮类零件构成的一般形式是若干组叶片均匀分布在轮毂的曲面上。一组叶片中可能只有一个叶片，也可能有若干个叶片。前一种情况的叶片分布称为等长叶片，后一种的叶片形式主要指含有小叶片，一般称为交错叶片。零件如图 3 - 156 所示。

图 3 - 156　叶轮零件

一、程序编写过程

（一）打开项目并设定毛坯

打开练习项目。点击 选择三角形方式定义毛坯，输入先前使用 CAD 软件绘制的毛坯，结果如图 3 - 157 所示。

PowerMILL 可以直接读取市场上主流软件生成的模型格式，无须格式转换，达到无缝读取，防止数据丢失，保证数据原始性，如 PRO/E、CAT-IA、UG 等。另外，还可以读取包含三角形网格、

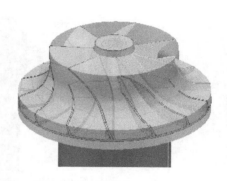

图 3 - 157　叶轮与 3D 毛坯

实体和曲面三种格式的数据，如 ∗.STL、∗.X_T、∗.STEP、∗.IGES 等。

图 3 – 158 设置编程坐标系

（二）找正工件并建立工件坐标系

毛坯装夹好后，用百分表校正叶轮顶面的平行度，用百分表找正工件中心点，即可定出工件加工坐标。

在编程系统中，可以直接定义工件的加工坐标为编程坐标，保证两者基准重合，如图3 – 158 所示。

（三）设置图层

（1）在 ▦ **层和组合** 点击右键产生层。

（2）把图层重命名为"shroud"。

（3）点击选择图 3 – 159 所示的白色曲面，并在新产生的"shroud"层点击右键，选择 **获取已选模型几何形体** 。

（4）重复前面三步完成图 3 – 160 所示的其他所有图层设置。

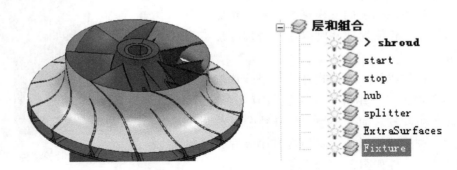

图 3 – 159 设置"shroud"图层　　　　图 3 – 160 所有图层名称

具体的叶轮零件图层对照示意图，如图 3 – 161 所示。

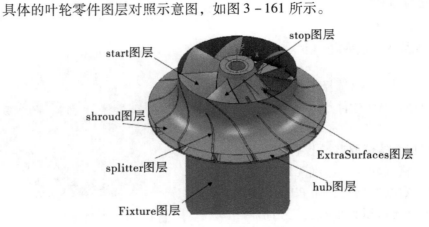

图 3 – 161 叶轮零件图层对照示意

（四）创建刀具

分别在刀具里面新建两把刀具：VC2MB_3 mmBN_TH_Shank_LongCut 和 VC2MB_6 mmBN_TH_Shank_LongCut。

（1）右键单击 刀具，弹出图 3-162 所示的下拉菜单，点击"球头刀"选项。

（2）设置刀具直径参数，如图 3-163 所示。

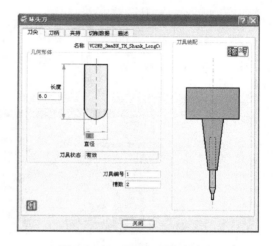

图 3-162　产生刀具下拉菜单 　　　　图 3-163　设置刀具直径参数

（3）设置刀柄参数，点击 ![icon] 添加刀柄，第一刀柄底部 3，顶部 6，长度 6；第二刀柄底部/顶部 6，长度 56，如图 3-164 所示。

（4）设置夹持参数，点击 ![icon] 添加夹持部件，第一夹持底部 9，顶部 20，长度 50；第二夹持底部/顶部 50，长度 110，伸出 30，如图 3-165 所示。

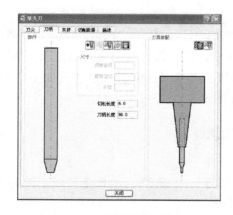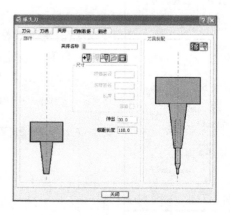

图 3-164　设置刀具刀柄参数 　　　　图 3-165　设置夹持参数

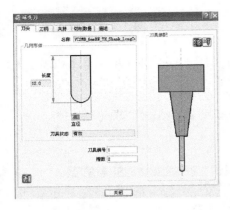

图 3 - 166　设置 D6R3 的球头刀

（5）重复以上四个步骤设置第二把 D6R3 的球头刀 "VC2MB_6 mmBN_TH_Shank_LongCut" 刀尖直径6，长度12；刀柄直径6，长度50；第一夹持底部12，顶部25，长度50；第二夹持底部/顶部50，长度30，伸出长度40。

（五）设定切削参数

点击 ▚ ，打开 "进给和转速" 表格，设定切削加工参数。设置完成后按 "接受" 退出，如图 3 - 167 所示。

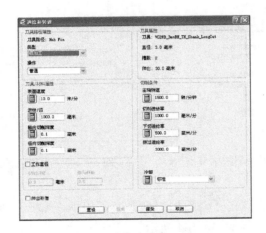

图 3 - 167　进给和转速

图 3 - 168　快进高度

（六）快进高度

点击主工具栏中的 ▨ ，打开 "快进高度" 设置表格。在 "相对高度" 设定框中，设置快进类型为 "掠过"，"安全 Z 高度" 和 "开始 Z 高度" 均为5，然后点击 "按安全高度重设" 按钮，如图 3 - 168 所示。

（七）叶盘区域清除

（1）点击 ▨ 选择 "叶盘"—"叶盘区域清除模型" 策略，如图 3 - 169 所示。

（2）打开 "叶盘区域清除" 表格，设置叶盘区域清除参数

（注：五轴联动粗加工选用的刀具必须是球头刀，否则不能生成刀路），如图 3 - 170 所示。

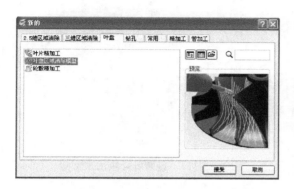

图 3 - 169　选择"叶盘区域清除模型"策略

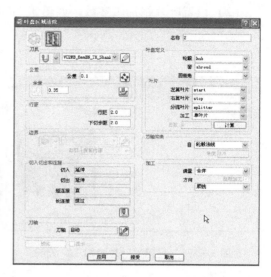

图 3 - 170　设置叶盘区域清除参数

PowerMILL 系统提供了丰富的刀具轴控制方式，点击"叶盘区域清除"对话框中的"刀轴"按钮，将弹出图 3 - 171 所示的刀轴定义对话框，可供操作者直接使用的刀具轴控制方式包括垂直、前倾/侧倾、朝向点、自点、朝向直线、自直线、朝向曲线、自曲线，固定方向和自动 10 种，在此案例中选择"自动"刀轴。

（3）按"应用"生成刀路，如图 3 - 172 所示。

图 3 - 171　刀轴定义对话框

（a）整体路径

（b）路径切层

图 3 - 172　叶盘区域清除路径（粗加工）

（八）叶片精加工

（1）点击　　选择"叶盘"—"叶片精加工"策略，如图 3 - 173 所示，新建叶片精加工刀路，去除叶片剩余量。整个切削过程的刀轨必须连续，避免出现接刀痕。

（2）设置叶片精加工参数，如图3-174所示。

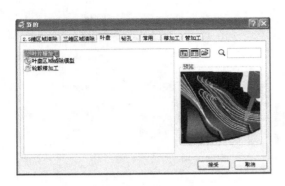

图3-173 选择"叶片精加工"策略

图3-174 设置叶片精加工参数

（3）按"应用"生成刀路，如图3-175所示。

注意：在加工叶片时，叶片的出口处往往较薄，容易在加工中变形，为防止变形，刀具需要与叶片之间保持一定夹角，防止刀柄部分接触到已加工部位，如图3-176（b）所示。PowerMILL叶轮模组把这个刀轴角度调整集成于软件内部进行运算，通过参数自动控制，减少人为的干预，避免出错，并且减少编程时间。

图3-175 生成的叶片刀路

（a）默认

（b）设定夹角

图3-176 工件直纹面和刀具侧刃形成夹角

在叶轮模块中，刀柄和工件的避让是自动进行的，不需要编程员控制。在其他通用策略中，则需要利用刀轴控制中的自动碰撞避让功能。

例如避免碰撞，为了保证夹持和工件的避让要求，可以通过设置刀轴"自动碰撞避让"参数来控制，在不加长刀具伸出长度的前提下避免刀柄、夹持与工件的干涉，选择"侧倾避让"，并留有均匀的2 mm间隙（如图3-177所示的侧倾避让参数表），使其满足实际加工要求，如图3-178所示。

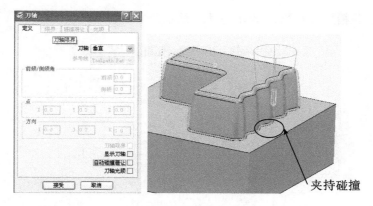

图 3 – 177　刀轴未设置自动碰撞避让的加工状况

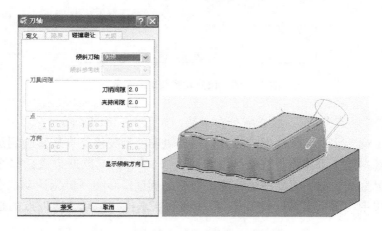

图 3 – 178　刀轴设置自动碰撞避让后的加工状况

（九）叶片轮毂精加工刀路

（1）点击 选择"叶盘"—"轮毂精加工"策略，如图 3 – 179 所示。

图 3 – 179　选择"轮毂精加工"策略

（2）设置轮毂精加工参数，如图3-180所示。

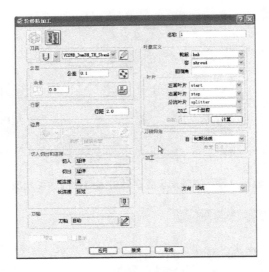

图3-180　设置轮毂精加工参数

（3）点击  "点分布"，设置点分布参数，如图3-181所示。

传统的加工观念认为，软件生成的刀具路径轨迹的顺畅程度直接影响到加工质量和效率，而忽略了其本质：刀具路径轨迹是由无数个 X、Y、Z 点数据组成，那么点的多少以及点的分布状况直接控制了刀具路径轨迹，当然也就直接影响到机床运动状态、加工效率以及工件加工质量，而机床只是按照 NC 程序内的点来执行运动，所以点的控制就由软件决定。

PowerMILL 的点分布功能简单实用，方便客户简易控制点的输出类型（G01 或 G02、G03）和点间距均匀分布。

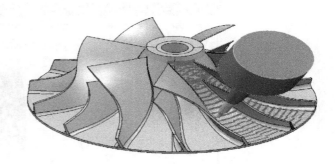

图3-181　设置点分布参数　　　　图3-182　未使用点分布的刀具路径

总结：在以上五轴加工的案例当中，机床运行的是直线插补（G01），如果机床由一点运行到下一点的距离过大，会造成加工矢量急促转变而引起多种不利现象产生，实际加工出来的曲面将由许多个小平面组成，且机床摆动动作急促，直接影响到机床的运动效率和工件的质量。在 PowerMILL 中设置重新分布点参数，可以计算出刀位点分布均匀的刀具路径，如图 3－183 所示。

（4）按"应用"生成刀路，如图 3－184 所示。

图 3－183　使用了点分布的刀具路径放大图　　　　图 3－184　轮毂精加工刀具路径

（十）碰撞与过切检查

（1）在 ✓ 💡 🖐 > **Area Clearance** 点击右键选择

属性		
检查	▶	刀具路径
		刀轴
反转选项		

，出现以下对话框，并设置参数如图 3－185 所示。

图 3－185　设置刀具路径碰撞检查参数

（2）按"应用"后，系统将提示最小刀长信息，如图3－186所示，并且重新自动创建一把新的刀具与新的刀具路径，此时可以把原程序与刀具删除。

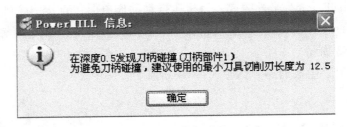

图3－186　碰撞检查信息

（3）把检查项目切换成"过切"选项，如图3－187所示。

（4）按"应用"后，如果得到图3－188所示的提示，证明刀具路径是安全的。

图3－187　刀具路径过切检查对话框　　　　图3－188　过切检查信息

（5）重复前面四步，对精加工叶片和流道两个刀具路径进行"过切"与"碰撞"的检查。

（十一）实体真实仿真

（1）在"ViewMill工具栏"点击 按钮，如图3－189所示。

图 3 - 189　ViewMill 工具栏

（2）在"仿真工具栏"里选择要模拟的程式，如图 3 - 190 所示。

图 3 - 190　仿真工具栏

（3）点击 ▷ "播放"按钮模拟结果，如图 3 - 191 所示。

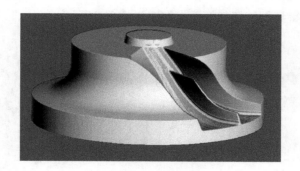

图 3 - 191　仿真模拟结果

（4）在"机床工具栏"里选择相应的机床，如图 3 - 192 所示。

图 3 - 192　机床工具栏

机床运动仿真和碰撞检查模块既适用于已定义的标准类型的机床，编程员也可根据需要定义自己的机床模型。机床运动仿真模块允许用户在屏幕上看到实际加工中将出现的机床运动真实情况，使用不同的加工策略来比较加工结果。这项功能对五轴加工机床尤其有用。机床仿真将指出超出机床加工范围的区域以及可能出现碰撞的区域。

①点击 出现图 3 - 193 所示的"输入机床"对话框。

②点击 进入 PowerMILL 的系统配置，如图 3 - 194 所示。

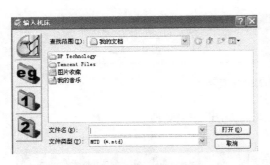

图 3 – 193　"输入机床"对话框

图 3 – 194　PowerMILL 的系统配置

③进入 MachineData 文件夹，选择机床的类型 table – table. mtd （双摇篮式的五轴联动加工中心），如图 3 – 195 所示。

通过模拟不但可以初步确定夹具与机床的各个部件是否发生干涉与超程，而且编程员可知道将工件放置于机床床身的不同位置或使用不同的夹具所产生的不同结果，可查看零件放置哪个方向才能得到最佳切削效果，如图 3 – 196 所示。

图 3 – 195　选择机床类型

图 3 – 196　机床模拟

（十二）生成 NC 代码

（1）在 PowerMILL 资源管理器里按右键点击 NC程序 选择"参数选择"，如图 3 – 197 所示。

（2）在 NC 参数选择对话框里选择输出目录、输出文件、机床选项文件（后处理）、输出用户坐标系等，如图 3 – 198 所示。

（3）选择程序 ⊞ ✓ 💡👆 > Area Clearance 按右键，出现选项条，接着选择"产生独立的 NC 程序"，然后在"NC 程序"下生成一个 💡 Area Clearance 。

（4）用鼠标左键选择 ✓ ☀🛠 Hub Fin 拖动到 ⊞ Area Clearance 之下。

图 3 – 197　NC 程序对话框　　　　图 3 – 198　NC 参数选择对话框

（5）重复第（4）步把 ⊞✔💡🔧 Blade fin 拖动到 ⊞🔧 Hub Fin 之下，结果如图 3 – 199 所示。

（6）选择 ⊟💡 Area Clearance 按右键，选择"写入"，系统自动生成 NC 代码，如图 3 – 200 所示。

图 3 – 199　待处理程序　　　　图 3 – 200　生成 NC 信息栏

（7）打开 NC 文件，如图 3 – 201 所示。

```
1 ; POSTPROC. DP1510 : OPTION MikronUPC710-H430-GJ
2 L M129
3 CYCL DEF 19.0 WORKING PLANE  ; CANCEL WORKING PLANE
4 CYCL DEF 19.1 A+0.0 C+0.0
5 CYCL DEF 19.0 WORKING PLANE
6 CYCL DEF 19.1
7 ; ENTER JOB DATUM COORDINATES
8 LBL 70
9 CYCL DEF 7.0 DATUM SHIFT
10 CYCL DEF 7.1 X+0.0
11 CYCL DEF 7.2 Y+0.0
12 CYCL DEF 7.3 Z+0.0
13 LBL 0
14 BLK FORM 0.1 Z X-85.276 Y-85.276 Z96.623
15 BLK FORM 0.2 X85.276 Y85.276 Z163.373
16 ;
17 ; OUTPUT WORKPLANE= nc
18 ;
19 L A0.0 C0.0 FMAX
20 TOOL CALL 1 Z S1500 DL0.0 DR0.0
21 ; TOOL TYPE- BALLNOSED : TOOL IDENT- VC2MB_6mmBN_TH_
22 ; DIA. 6.0 : TIP RAD. 3.0 : LGTH. 120.0
23 L Z-50 FMAX M91
24 CYCL DEF 32.0 TOLERANCE
25 CYCL DEF 32.1 T0.25
26 ;
```

```
78 L X48.319 Y26.507 Z-24.519 A76.531 C6598.749
79 L X48.444 Y25.444 Z-22.917 A77.681 C6597.71
80 L X48.484 Y24.873 Z-21.234 A80.88 C6597.159
81 L X48.417 Y24.729 Z-19.896 A83.063 C6597.055
82 L X49.474 Y21.812 Z-16.567 A84.802 C6593.792
83 L X50.745 Y17.634 Z-12.676 A84.906 C6589.162
84 L X51.791 Y13.062 Z-9.203 A84.666 C6584.155
85 L X52.107 Y11.256 Z-8.04 A84.349 C6582.19
86 L X52.47 Y7.696 Z-5.277 A82.488 C6578.345
87 L X52.426 Y5.854 Z-3.818 A81.519 C6576.371
88 L X52.703 Y2.282 C6572.479
89 L X52.846 Y5.557 Z-6.105 A83.093 C6576.003
90 L X52.573 Y9.136 Z-8.62 A84.532 C6579.858
91 L X51.92 Y13.521 Z-11.886 A84.9 C6584.597
92 L X50.973 Y17.812 Z-15.744 A84.895 C6589.261
93 L X50.21 Y20.567 Z-18.704 A84.186 C6592.275
94 L X49.919 Y21.536 Z-19.896 A83.063 C6593.336
95 L X49.893 Y21.91 Z-21.234 A80.88 C6593.709
96 L X49.811 Y22.65 Z-22.917 A77.681 C6594.452
97 L X49.299 Y26.882 Z-28.738 A75.288 C6598.603
98 L X49.14 Y29.03 Z-32.265 A65.383 C6600.573
```

（a）程序开始　　　　（b）程序过程

图 3 – 201　NC 代码

171

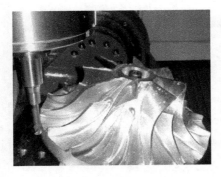

图 3 - 202　整体叶轮加工

最后在机床上加工，结果如图 3 - 202 所示。

二、PowerMILL 系统应用于多轴加工的特色功能

1. 重新分布点

在实际加工过程中，常常出现由于刀位点分布的问题而导致零件加工表面出现凹点、格状或波纹状条纹的情况，如图 3 - 203 所示。

刀具路径点分布控制了每条刀具路径上的走刀点。利用现代先进机床良好的处理大量数据的能力，Power-MILL 系统适当地增加了刀具路径中走刀点的数量，并提供了多种控制走刀点分布的方式。增加刀具路径中走刀点的数量能使刀具路径点分布更加均匀，从而提供更加平滑的五轴刀轴移动，减少震动，而改善精加工表面质量，使刀具载荷更稳定，减少刀具磨损，减少机床和刀具损坏。

在计算三轴和多轴加工刀具路径时，PowerMILL 系统具备提供重新分布点的功能。图 3 - 204 所示的整体叶轮零件及其精加工刀具路径，初看起来，刀具路径很光顺，但其实际加工效果并不好，在叶片表面出现了条状的波纹，如图 3 - 205 所示。

如图 3 - 206 所示，出现这种加工表面质量问题是由于刀位点分布不均匀而引起的。

图 3 - 203　有凹点的零件表面

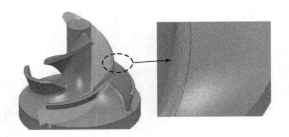

图 3 - 204　叶轮及其刀具路径

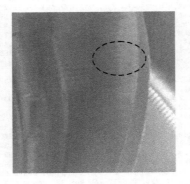

图 3 - 205　有条状波纹的零件表面

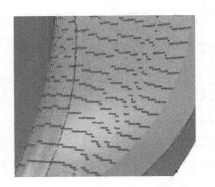

图 3 - 206　分布不均匀的刀位点

通过在 PowerMILL 系统中设置重新分布点参数，如图 3 – 207 所示；计算出刀位点分布均匀的刀具路径来，如图 3 – 208 所示；零件加工表面质量得到提高，如图 3 – 209 所示。

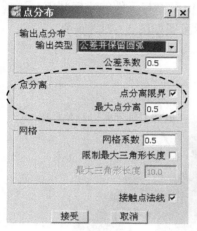
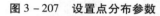

图 3 – 207　设置点分布参数　　**图 3 – 208　刀位点分布均匀的刀具路径**　　**图 3 – 209　优化刀路加工出的零件表面**

2. 五轴刀轴控制

在编制五轴加工刀具路径时，刀具轴控制功能是编程员最关注的内容之一。在加工过程中，刀具及主轴避开干涉部位同时计算出高效的刀具路径都需要依赖五轴刀轴控制功能。PowerMILL 系统可全面控制和编辑五轴加工的刀轴指向，可对不同加工区域的刀具路径直观交互地设置不同的刀轴位置，以优化五轴加工控制，优化切削条件，避免任何刀具方向的突然改变，从而提高产品加工质量，确保加工的稳定性。

PowerMILL 系统提供了丰富的刀轴控制方式，如图3 – 210 所示，可供操作者直接使用的刀轴控制方式包括垂直、前倾/侧倾、朝向点、自点、朝向直线、自直线、朝向曲线、自曲线、固定方向和自动 10 种。

更为重要的是，在使用球头刀、锥度球头刀和顶端球形刀的前提下，所有的三轴加工策略均可用作多轴加工控制方式（插铣和钻孔除外）。可见，五轴加工刀具路径计算策略十分丰富。

3. 自动避让控制技术

在五轴加工过程中，由于加工对象较复杂，编程员不一定能清楚地知道在哪个区域刀具、夹持及主轴会与零件或工作台发生碰撞，此时，就需要自动编程软件来帮助我们避开碰撞区域。

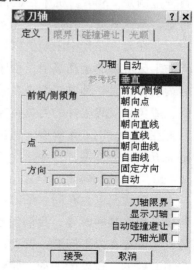

图 3 – 210　刀轴控制方式

PowerMILL 可按照编程员的设置自动调整全部五轴加工选项刀轴的前倾和后倾角度，在可能出现碰撞的区域按指定公差自动倾斜刀轴，避开碰撞区域。切过碰撞区域后又自动将刀轴调整回原来设定的角度，从而避免工具系统和模型之间的碰撞。在加工叶轮、五轴清根等复杂工件时，能自动调整刀具的加工矢量，并可以自由设置与工件的碰撞间隙。

PowerMILL 自动碰撞避让功能如图 3 – 211 所示，功能示意图如图 3 – 212 所示。

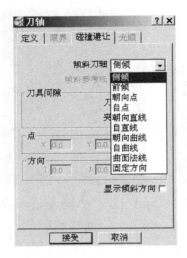

在零件顶部刀轴垂直，在根部刀轴倾斜以避免碰撞

图 3 – 211　碰撞避让功能　　　　　图 3 – 212　碰撞避让功能示意图

4．根据机床行程定义五轴运动范围功能

五轴加工机床的旋转工作台或旋转主轴一般都有旋转角度限制。图 3 – 213 所示的工作台倾斜型五轴机床，绕 X 轴旋转的 A 轴一般行程范围是 ±30°，绕 Z 轴旋转的 C 轴一般行程范围是 ±360°。机床在运行到旋转部件的极限后，就要复位或者往相反的方向运行，否则，系统就会超程报警。

要在刀具路径中限制机床运动的范围，一种方法是在后置处理过程中，在机床选项文件中定义机床的运动极限，程序运行到机床旋转角极限时，机床旋转角复位，然后再执行后续动作；另一种方法则是在编制五轴加工刀具路径时，在刀轴控制对话框中设置刀轴界限，避免生成界限外的刀具路径。

在 PowerMILL 系统中，通过设置刀轴界限，如图 3 – 214 所示，实现根据机床行程来定义五轴运动范围。

5．刀轴后编辑

一般情况下，在同一条刀路中使用单一的刀轴指向控制方式就能够计算出安全的刀具路径。但在某些时候，我们发现在同一条刀路中，只使用一种刀轴指向控制方式是不够的，主要存在以下问题：首先，在局部区域刀具及夹持与工件发生碰撞；其次，刀轴有一些不必要的、过度的摆动，导致五轴机床旋转机构过于频繁地运动，这是不合理的。这时，就需要对五轴加工刀具路径的刀轴指向进行再编辑。

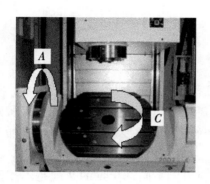

图 3 - 213 工作台倾斜型五轴机床

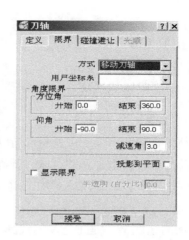

图 3 - 214 设置刀轴界限

在 PowerMILL 系统中，开发了功能强大的刀具路径编辑工具，读者可以选择所要编辑的刀具路径区域，并在区域内重新定义刀轴矢量。

图 3 - 215 所示的零件以及五轴加工刀具路径，刀具在局部摆动过于频繁，通过设置刀轴编辑参数，如图 3 - 216 所示，重新计算出图 3 - 217 所示的刀轴指向单一的五轴加工刀具路径。

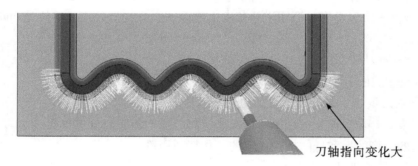

刀轴指向变化大

图 3 - 215 原五轴加工刀路

图 3 - 216 设置刀轴编辑参数

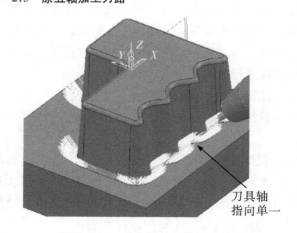

刀具轴
指向单一

图 3 - 217 优化后的五轴加工刀路

三、相关知识

（一）切削用量的选择

1. 切削用量

切削用量是切削速度、进给量和背吃刀量三者的总称，即切削用量三要素。它们是描述切削运动的参数，也是调整机床、计算切削力和时间定额及核算工序成本等所必需的参数。在切削加工中，切削用量对加工质量、生产效率等有重要的影响，应根据加工要求正确选择。

（1）切削速度 V_c，是主运动的线速度。切削刃上不同选定点的速度是不相同的，切削速度一般指切削刃上的最高切削速度。切削速度可按如下公式计算，单位是 m/s。

$$V_c = \frac{\pi dn}{1\,000 \times 60}$$

式中，d——零件或刀具外径（mm）；

n——零件或刀具转速（r/min）。

（2）进给量 f，是主运动每转一转，刀具沿进给运动方向相对于零件的位移量。单位是 mm/r，f 称为每转进给量。钻削、铣削等多刀齿刀具切削时还可用每齿进给量 f_z 表示，单位是 mm/z。进给运动有时还用进给速度 V_f 来表示，见如下公式，单位是 mm/min。

$$V_f = f n = f_z z n$$

式中，z——刀具齿数；

n——主运动转速（r/min）。

（3）背吃刀量 a_p，是零件上已加工表面至待加工表面的垂直距离。

切削用量的合理选择是指在保证加工质量的前提下，能充分发挥机床、刀具的切削性能，获得高的生产效率和低的加工成本的一种切削用量。

2. 切削用量选择的基本原则

在切削加工过程中，切削用量的大小直接影响生产效率、加工成本、加工质量、刀具耐用度、机床功率等各个方面，并且切削用量各参数对切削过程规律的影响也会不同。因此，应根据不同的加工条件和加工要求进行综合考虑，合理选择切削用量。可以从以下几个主要方面进行分析。

（1）生产效率。当背吃刀量 a_p、进给量 f、切削速度 V_c 都增大时，能使切削时间减少。但一般情况下应优先增大背吃刀量 a_p，以求一次进刀切除全部加工余量，提高生产效率。

（2）机床功率。当背吃刀量 a_p、切削速度 V_c 都增大时，能使切削功率成正比增加。此外，增大背吃刀量 a_p，使切削力增加得多，而增大进给量 f 却使切削力增加得较少、消耗功率也较少。所以，在粗加工时，应尽量增大进给量 f，合理使用机床功率。

（3）刀具耐用度。在切削用量参数中，对刀具耐用度影响最大的是切削速度 V_c，其

次是进给量 f，影响最小的是背吃刀量 a_p。所以优先增大背吃刀量 a_p，不但能达到高的生产效率，相对于切削速度 V_c 与进给量 f 来说，还能更好地发挥刀具切削性能、降低加工成本。

（4）表面粗糙度。在半精加工、精加工时，保证加工质量是确定切削用量应考虑的主要原则。a_p、f、V_c 对切削变形、残留面积的高度、积屑瘤、切削力等的影响是不同的，因而对零件的加工精度和表面粗糙度的影响也是不同的。提高背吃刀量 a_p 和进给量 f 时，切削力会变大，容易引起变形和振动；增大进给量 f 时，还会使已加工表面粗糙度值变大，降低加工表面质量；但背吃刀量 a_p、进给量 f 也不能选得过小，否则会不利于加工表面质量的提高；而提高切削速度 V_c，不会增大切削力，并且增大到一定程度后，还会抑制积屑瘤、加工硬化等现象的产生，有利于加工表面质量的提高。

综上所述，粗加工时切削用量选择的原则是：先选择一个尽量大的背吃刀量 a_p，再选择一个较大的进给量 f，最后根据已确定的背吃刀量 a_p 和进给量 f，并在刀具耐用度和机床功率允许条件下，选择一个合理的切削速度 V_c。精加工时切削用量选择的原则是：采用较小的背吃刀量 a_p 和进给量 f，在保证加工质量和刀具耐用度的前提下，尽可能采用大的切削速度 V_c。

3. 切削用量的选择方法

（1）背吃刀量 a_p 的选择。

① 粗加工时，根据加工余量多少而定。除留给下道工序的余量外，应尽可能将其余的粗加工余量一次切除，以使走刀次数最少。在中等功率机床上，背吃刀量 a_p 为 8 ~ 10 mm。如果加工余量太大或不均匀、机床功率与刀具强度等工艺系统刚性不足时，为了避免振动才分几次走刀分切。

② 精加工时，半精加工的余量较少，精加工的余量更少。半精加工、精加工背吃刀量的选择，原则上一次进给切除全部余量。半精加工时，通常取 $a_p = 0.5 ~ 2$ mm，精加工时，通常取 $a_p = 0.1 ~ 0.4$ mm。但当使用硬质合金刀具时，考虑到刀尖圆弧半径与刃口圆弧半径的挤压和摩擦作用，背吃刀量不宜过小，一般大于 0.5 mm。

表 3 – 7　背吃刀量选取表

（单位：mm）

工件材料	高速钢铣刀		硬质合金铣刀	
	粗铣	精铣	粗铣	精铣
铸铁	5 ~ 7	0.5 ~ 1	10 ~ 18	1 ~ 2
软钢	< 5	0.5 ~ 1	< 12	1 ~ 2
中硬钢	< 4	0.5 ~ 1	< 7	1 ~ 2
硬钢	< 3	0.5 ~ 1	< 4	1 ~ 2

（2）进给量 f 的选择。

①粗加工时，对加工表面粗糙度的要求不高。当背吃刀量 a_p 确定以后，进给量 f 大小的选择，主要考虑切削力大小对工艺系统和加工精度的影响，所以在不损坏刀具的刀片和刀杆、不超出机床进给机构强度、不顶弯零件和不产生振动的条件下，应选取一个最大的进给量。

②精加工时，背吃刀量 a_p 小，产生的切削力不大。因此，进给量 f 的大小主要受表面粗糙度的限制。在预定切削速度 V_c、刀尖圆弧半径的情况下，按照图表要求的表面粗糙度值的大小，选择进给量 f，然后对照机床说明书上的进给量，选取相等的或低挡相近的进给量。

表 3-8　铣刀每齿进给量推荐值

（单位：mm）

工件材料	工件材料硬度（HBW）	硬质合金		高速钢			
		端铣刀	三面刃铣刀	圆柱铣刀	立铣刀	端铣刀	三面刃铣刀
低碳钢	<150	0.2~0.4	0.15~0.3	0.12~0.2	0.04~0.2	0.15~0.3	0.12~0.2
	150~200	0.2~0.35	0.12~0.25	0.12~0.2	0.03~0.18	0.15~0.3	0.1~0.15
中、高碳钢	120~180	0.15~0.5	0.15~0.3	0.12~0.2	0.05~0.2	0.15~0.3	0.12~0.2
	180~220	0.15~0.4	0.12~0.25	0.12~0.2	0.04~0.2	0.15~0.25	0.07~0.15
	220~300	0.12~0.25	0.07~0.2	0.07~0.15	0.03~0.15	0.1~0.2	0.05~0.12
灰铸铁	150~180	0.2~0.5	0.12~0.3	0.2~0.3	0.07~0.18	0.1~0.3	0.1~0.25
	180~220	0.2~0.4	0.12~0.25	0.15~0.25	0.05~0.15	0.12~0.25	0.12~0.2
	220~300	0.15~0.3	0.1~0.2	0.1~0.2	0.03~0.1	0~0.2	0.07~0.12
镁铝合金	95~100	0.15~0.38	0.125~0.3	0.15~0.2	0.05~0.15	0.2~0.3	0.07~0.2

（3）切削速度 V_c 的选择。

粗加工时，切削速度 V_c 受刀具耐用度和机床功率的限制；精加工时，主要考虑加工精度和表面质量，要避开易产生积屑瘤和鳞刺的中低速，一般采用高速。

表 3-9　铣削速度推荐值

工件材料	硬度（HBW）	铣削速度 V_c（m/min）	
		硬质合金	高速钢
低、中碳钢	<220	60~150	21~40
	225~290	54~115	15~36
	300~425	36~75	9~15

（续上表）

工件材料	硬度（HBW）	铣削速度 V_c（m/min）	
		硬质合金	高速钢
高碳钢	< 220	60 ~ 130	18 ~ 36
	225 ~ 325	53 ~ 105	14 ~ 21
	325 ~ 375	36 ~ 48	8 ~ 12
	375 ~ 425	35 ~ 45	6 ~ 10
灰铸铁	100 ~ 140	110 ~ 115	24 ~ 36
	150 ~ 225	60 ~ 110	15 ~ 21
	230 ~ 290	45 ~ 90	9 ~ 18
	300 ~ 320	21 ~ 30	5 ~ 10
镁铝合金	95 ~ 100	360 ~ 600	180 ~ 300

（二）机械加工工艺过程

1. 机械加工工艺过程的组成

用切削的方法逐步改变毛坯的形状、尺寸和表面质量，使之成为合格零件的劳动过程，称为机械加工工艺过程。在机械制造业中，机械加工工艺过程是最主要的工艺过程。

机械加工工艺过程（以下简称工艺过程）由一系列按顺序排列的工序组成。通过这些工序对工件进行加工，将毛坯逐步变为合格的零件。工序是工艺过程的基本单元，也是编制生产计划和进行成本核算的基本依据。工序又可细分为工步、装夹等。

（1）工序。工序是一个或一组工人在一个工作地点对同一个或同时对几个工件所连续完成的那一部分工艺过程。划分工序的主要依据是工件加工过程中的工作地点是否变动。

（2）工步。工步是工序的一部分。它是在加工表面和加工工具不变的情况下所连续完成的那一部分工序。一个工序可以只有一个工步，也可以包括若干个工步。

构成工步的任一因素（加工表面或加工工具）改变后，一般即成为另一新的工步。但是，当几个形状尺寸完全相同的加工表面用同一工具连续加工时，在工艺过程中习惯视为一个工步。例如，在工件上钻削 6 个相同孔径的孔，一般看成一个钻孔工步。

在批量生产中，为了提高生产率，常采用多刀多刃或复合刀具同时加工工件的几个表面，这样的工步称为复合工步。复合工步亦视为一个工步。

（3）安装与工位。工件加工前使其在机床上或夹具中获得一个正确而固定的位置的过程称为装夹。装夹包括工件定位和夹紧两部分内容。

工件经一次装夹后所完成的那一部分工序称为安装。在一个工序中可以包括一个或数个安装。工序中所需的安装次数多，不仅会增加工件装卸的辅助时间，还会影响工件的位置精度。

2．生产类型及其特征

生产类型是指企业（车间、工段、班组、工作地）生产专业化程度的分类。一般分为单件生产、成批生产和大量生产三种类型。

（1）单件生产。产品的种类繁多不定，数量极少，少至一件或几件，多则几十件，工作地的加工对象经常改变，很少重复，这种生产类型称为单件生产。例如，新产品试制、专用设备制造、专用工具制造、重型机械制造等都属于单件生产类型。

（2）成批生产。生产的产品种类比较少，而同一产品的产量比较大，一年中产品周期性地成批投入生产，工作地的加工对象周期性地更换，这种生产类型称为成批生产。一次投入或产出的同一产品（或零件）的数量称为生产批量。根据批量的大小，成批生产又可分为小批生产、中批生产和大批生产。小批生产工艺过程的特点与单件生产相似，大批生产工艺过程的特点与大量生产相似，中批生产工艺过程的特点则介于单件、小批生产与大批、大量生产之间。例如，通用机床、机车的制造等属于中批生产，飞机、航空发动机制造大多属于小批生产。

（3）大量生产。产品的产量很大，大多数工作地经常重复地进行某一零件的某一工序的加工，这种生产类型称为大量生产。例如，汽车、自行车、轴承等的制造通常属大量生产类型。

3．加工阶段的划分

对于加工精度要求较高、结构和形状较复杂、刚性较差的零件，其切削加工过程常划分阶段，一般分为粗加工、半精加工、精加工三个阶段。

（1）各加工阶段主要任务。

①粗加工阶段。切除工件各加工表面的大部分余量。在粗加工阶段，主要问题是如何提高生产率。

②半精加工阶段。达到一定的准确度要求，完成次要表面的最终加工，并为主要表面的精加工做好准备。

③精加工阶段。完成各主要表面的最终加工，使零件的加工精度和加工表面质量达到图样规定的要求。在精加工阶段，主要问题是如何确保零件的质量。

（2）划分加工阶段的作用。

①有利于消除或减小变形对加工精度的影响。粗加工阶段中切除的金属余量大，产生的切削力和切削热也大，所需夹紧力较大，因此工件产生的内应力和由此而引起的变形较大，不可能达到较高的精度。在粗加工后再进行半精加工、精加工，可逐步释放内应力，修正工件的变形，提高各表面的加工精度和减小表面粗糙度值，最终达到图样规定的要求。

②可尽早发现毛坯的缺陷。在粗加工阶段可及早发现锻件、铸件等毛坯的裂纹、夹杂、气孔、夹砂及余量不足等缺陷，及时予以报废或修补，以避免造成不必要的浪费。

③有利于合理地选择和使用设备。粗加工阶段可选用功率大、刚性好但精度不高的机床，充分发挥机床设备的潜力，提高生产率；精加工阶段则应选用精度高的机床。由于精

加工切削力和切削热小，机床磨损相应较小，有利于长期保持设备的精度。

④有利于合理组织生产和工艺布置。实际生产中，不应机械地进行加工阶段的划分。对于毛坯质量好、加工余量小、刚性好并预先进行消除内应力热处理的工件，加工精度要求不太高时，不一定要划分加工阶段，可将粗加工、半精加工，甚至包括精加工，合并在一道工序中完成，而且各加工阶段也没有严格的区分界限，一些表面可能在粗加工阶段中就完成，一些表面的最终加工可以在半精加工阶段完成。

4. 表面加工方法的选择

零件各表面加工方法的选择，不但影响加工质量，而且影响生产率和制造成本。加工同一类型的表面，可以有多种不同的加工方法。影响表面加工方法选择的因素有零件表面的形状、尺寸及其精度和表面粗糙度，以及零件的整体结构、质量、材料性能和热处理要求等。此外，还应考虑生产量和生产条件的因素。根据上述各种影响因素，加以综合考虑确定零件表面的加工方案，这种方案必须保证零件达到图样要求，稳定可靠且生产率较高，加工成本经济合理。选择加工方法一般根据零件的经济精度和表面粗糙度来考虑。

经济精度和表面粗糙度是指在正常生产条件下，某种加工方法在经济效果良好（成本合理）时所能达到的加工精度和表面粗糙度。正常生产条件是：完好的设备；合格的夹具、刀具；标准技术等级的操作工人；合理的工时定额。表 3 - 10 至表 3 - 12 列出了常见的外圆、孔、平面的加工方案及其所能达到的经济精度和表面粗糙度。

表 3 - 10　外圆表面加工方案

序号	加工方案	经济精度等级	表面粗糙度 Ra	适用范围
1	粗车	IT12 ~ IT11	50 ~ 2.5	适用于淬火钢以外的各种金属
2	粗车—半精车	IT9 ~ IT8	6.3 ~ 3.2	
3	粗车—半精车—精车	IT7 ~ IT6	1.6 ~ 0.8	
4	粗车—半精车—精车—滚压（或抛光）	IT6 ~ IT5	0.2 ~ 0.025	
5	粗车—半精车—磨削	IT7 ~ IT6	0.8 ~ 0.4	主要用于淬火钢，也可用于未淬火钢，但不宜加工有色金属
6	粗车—半精车—粗磨—精磨	IT6 ~ IT5	0.4 ~ 0.1	
7	粗车—半精车—粗磨—精磨—超精加工（或轮式超精磨）	IT5	0.1 ~ 0.012	
8	粗车—半精车—精车—金刚石车	IT6 ~ IT5	0.4 ~ 0.025	主要用于要求较高的有色金属加工
9	粗车—半精车—粗磨—精磨—超精磨或镜面磨	IT5 以上	0.025 ~ 0.006	极高精度的外圆加工
10	粗车—半精车—粗磨—精磨—研磨	IT5 以上	0.1 ~ 0.006	

表 3 - 11　孔加工方案

序号	加工方案	经济精度等级	表面粗糙度 Ra	适用范围
1	钻	IT12 ~ IT11	12.5	加工未淬火钢及铸铁的实心毛坯，也可用于加工有色金属，但表面粗糙度稍大，孔径小于 20 mm
2	钻—铰	IT9 ~ IT8	3.2 ~ 1.6	
3	钻—粗铰—精铰	IT8 ~ IT7	1.6 ~ 0.8	
4	钻—扩	IT11 ~ IT10	12.5 ~ 6.3	同上，但是孔径大于 20 mm
5	钻—扩—铰	IT9 ~ IT8	3.2 ~ 1.6	
6	钻—扩—粗铰—精铰	IT7	1.6 ~ 0.8	
7	钻—扩—机铰—手铰	IT7 ~ IT6	0.4 ~ 0.1	
8	钻—扩—拉	IT9 ~ IT7	1.6 ~ 0.1	大批大量生产（精度由拉刀的精度确定）
9	粗镗（或扩孔）	IT12 ~ IT11	12.5 ~ 6.3	除淬火钢外的各种材料，毛坯有铸出孔或锻出孔
10	粗镗（粗扩）—半精镗（精扩）	IT9 ~ IT8	3.2 ~ 1.6	
11	粗镗（扩）—半精镗（精扩）—精镗（铰）	IT8 ~ IT7	1.6 ~ 0.8	
12	粗镗（扩）—半精镗（精扩）—精镗—浮动镗刀块精镗	IT7 ~ IT6	0.8 ~ 0.4	
13	粗镗（扩）—半精镗—磨孔	IT8 ~ IT7	0.8 ~ 0.2	主要用于淬火钢，也可用于未淬火钢，但不宜用于有色金属
14	粗镗（扩）—半精镗—粗磨—精磨	IT7 ~ IT6	0.2 ~ 0.1	
15	粗镗—半精镗—精镗—金刚镗	IT7 ~ IT6	0.4 ~ 0.05	主要用于精度要求高的有色金属加工
16	钻—（扩）—粗铰—精铰—珩磨钻—（扩）—拉—珩磨粗镗—半精镗—精镗—珩磨	IT7 ~ IT6	0.2 ~ 0.025	精度要求很高的孔
17	以研磨代替上述方案中的珩磨	IT6 ~ IT5	0.1 ~ 0.006	

表 3 – 12　平面加工方案

序号	加工方案	经济精度等级	表面粗糙度 Ra	适用范围
1	粗车—半精车	IT9 ~ IT8	6.3 ~ 3.2	端面
2	粗车—半精车—精车	IT7 ~ IT6	1.6 ~ 0.8	
3	粗车—半精车—磨削	IT9 ~ IT7	0.8 ~ 0.2	
4	粗刨（或粗铣）—精刨（或精铣）	IT9 ~ IT7	6.3 ~ 1.6	不淬硬平面（端铣的表面粗糙度可较小）
5	粗刨（或粗铣）—精刨（或精铣）—刮研	IT6 ~ IT5	0.8 ~ 0.1	精度要求较高的不淬硬平面，批量较大时宜采用宽刃精刨方案
6	粗刨（或粗铣）—精刨（或精铣）—宽刃精刨	IT6	0.8 ~ 0.2	
7	粗刨（或粗铣）—精刨（或精铣）—磨削	IT7 ~ IT6	0.8 ~ 0.2	精度要求较高的淬硬平面或不淬硬平面
8	粗刨（或粗铣）—精刨（或精铣）—粗磨—精磨	IT6 ~ IT5	0.4 ~ 0.025	
9	粗铣—拉	IT9 ~ IT6	0.8 ~ 0.2	大量生产的较小平面（精度视拉刀的精度而定）
10	粗铣—精铣—磨削—研磨	IT5	0.1 ~ 0.006	高精度平面

5．加工顺序的确定

（1）机械加工顺序的安排。

机械加工工序的顺序，应遵循下述原则安排：

①先粗后精。先进行粗加工，后进行精加工。

②先基面后其他表面。先加工出基准面，再以它为基准加工其他表面。如果基准面不止一个，则按照逐步提高精度的原则，先确定基准面的转换顺序，然后考虑其他各表面的加工顺序。

③先主后次。先安排主要表面的加工，后安排次要表面的加工。

（2）热处理工序的安排。

热处理工序在工艺路线中的安排，主要取决于零件的材料和热处理的目的及要求。热处理的目的一般有提高材料的力学性能（强度、硬度等），改善材料的切削加工性，消除内应力，以及为后继热处理做组织准备等。常用钢、铸铁零件的热处理工序在工艺路线中的安排如下：

①安排在机械加工前的热处理工序有退火、正火、人工时效等。

②安排在粗加工以后半精加工以前的热处理工序有调质、时效、退火等。

③安排在半精加工以后精加工以前的热处理工序有渗碳、淬火、高频淬火，以及去应力退火等。

④安排在精加工以后的热处理工序有氮化、接触电加热淬火（如铸铁机床导轨）等。

（3）表面处理工序的安排。

表面处理在工艺过程中的主要目的和作用是提高零件的抗蚀能力，提高零件的耐磨性，增加零件的导电率和作为一些工序的准备工序。除工艺需要的表面处理（如零件非渗碳表面的保护性镀铜、非氮化表面的保护性镀锡和镀镍等）视工艺要求而定以外，一般表面处理工序都安排在工艺过程的最后。

（4）检验工序的安排。

检验对保证产品质量有着极为重要的作用。除操作者或检验员在每道工序中进行自检、抽检外，一般还安排独立的检验工序。检验工序属于机械加工工艺过程中的辅助工序，包括中间检验工序、特种检验工序和最终检验工序。

①在下列情况下安排中间检验工序：

A. 工件从一个车间转到另一个车间前后。目的是便于分析产生质量问题的原因和分清零件质量事故的责任。

B. 重要零件的关键工序加工后。目的是控制加工质量和避免工时浪费。

②特种检验主要指无损探伤，此外还有密封性检验、流量检验、称重检验等。零件表面层缺陷的探伤方法主要有磁力探伤（钢质导磁材料零件）和荧光检验（非导磁的有色金属零件），通常安排在工件精加工后进行。零件内部缺陷的探伤方法主要有 X 射线、Y 射线和超声波探伤等，一般安排在切削加工开始前或粗加工后。

③最终检验工序安排在零件表面全部加工完之后。

（三）解工艺尺寸链

当工序基准、测量基准、定位基准或编程原点与设计基准不重合时，工序尺寸及其公差的确定，需要借助工艺尺寸链的基本知识和计算方法，通过解工艺尺寸链才能获得。

1. 工艺尺寸链

（1）工艺尺寸链的定义。在机器装配或零件加工过程中，互相联系且按一定顺序排列的封闭尺寸组合，称为尺寸链。其中，由单个零件在加工过程中的各有关工艺尺寸所组成的尺寸链，称为工艺尺寸链。

如图 3-218（a）所示，图中尺寸 A_1、A_Σ 为设计尺寸，先以底面定位加工上表面，得到尺寸 A_1，当用调整法加工凹槽时，为了使定位稳定可靠并简化夹具，仍然以底面定位，按尺寸 A_2 加工凹槽，于是该零件在加工时并未直接予以保证的尺寸 A_Σ 就随之确定。这样相互联系的尺寸 A_1、A_2、A_Σ 就构成一个图 3-218（b）所示的封闭尺寸组合，即工艺尺寸链。

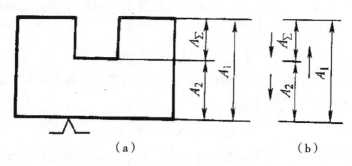

（a）   （b）

图 3 - 218　工艺尺寸链

（2）工艺尺寸链的组成。组成工艺尺寸链的各个尺寸称为环。图 3 - 218 中的尺寸 A_1、A_2、A_Σ 都是工艺尺寸链的环，它们可分为以下两种：

①封闭环。工艺尺寸链中间接得到的尺寸，称为封闭环。它的尺寸随着其他环的变化而变化。图中的尺寸 A_Σ 为封闭环。一个工艺尺寸链中只有一个封闭环。

②组成环。工艺尺寸链中除封闭环以外的其他环，称为组成环。根据其对封闭环的影响不同，组成环又可分为增环和减环。

增环是当其他组成环不变，该环增大（或减小），使封闭环随之增大（或减小）的组成环。图中的尺寸 A_1 即为增环。

减环是当其他组成环不变，该环增大（或减小），使封闭环随之减小（或增大）的组成环。图中的尺寸 A_2 即为减环。

③组成环的判别。为了迅速判别增、减环，可采用下述方法：在工艺尺寸链图上，先给封闭环任定一方向并画出箭头，然后沿此方向环绕尺寸链回路，依次给每一组成环画出箭头，凡箭头方向和封闭环相反的则为增环，相同的则为减环，参见图 3 - 218（b）。

2. 工艺尺寸链计算的基本公式

工艺尺寸链的计算，关键是正确地确定封闭环。封闭环的确定取决于加工方法和测量方法。

工艺尺寸链的计算方法有两种：极大极小法和概率法。生产中一般采用极大极小法，其基本计算公式如下：

（1）封闭环的基本尺寸。封闭环的基本尺寸 A_Σ 等于所有增环的基本尺寸 Ai 之和减去所有减环的基本尺寸 Aj 之和，即：

$$A_\Sigma = \sum_{i=1}^{m} Ai - \sum_{j=m+1}^{n-1} Aj$$

式中，m —— 增环的环数；

$\quad\quad n$ —— 包括封闭环在内的总环数。

（2）封闭环的极限尺寸。封闭环的最大极限尺寸 $A_{\Sigma max}$ 等于所有增环的最大极限尺寸 Ai_{max} 之和减去所有减环的最小极限尺寸 Aj_{min} 之和，即：

$$A_{\Sigma max} = \sum_{i=1}^{m} Ai_{max} - \sum_{j=m+1}^{n-1} Aj_{min}$$

封闭环的最小极限尺寸 $A_{\Sigma min}$ 等于所有增环的最小极限尺寸 Ai_{min} 之和减去所有减环的最大极限尺寸 Aj_{max} 之和，即：

$$A_{\Sigma min} = \sum_{i=1}^{m} Ai_{min} - \sum_{j=m+1}^{n-1} Aj_{max}$$

（3）封闭环的上、下偏差。封闭环的上偏差 ESA_{Σ} 等于所有增环的上偏差 $ESAi$ 之和减去所有减环的下偏差 $EIAj$ 之和，即：

$$ESA_{\Sigma} = \sum_{i=1}^{m} ESAi - \sum_{j=m+1}^{n-1} EIAj$$

封闭环的下偏差 EIA_{Σ}，等于所有增环的下偏差 $EIAi$ 之和减去所有减环的上偏差 $ESAj$ 之和，即：

$$EIA_{\Sigma} = \sum_{i=1}^{m} EIAi - \sum_{j=m+1}^{n-1} ESAj$$

（4）封闭环的公差。封闭环的公差 TA_{Σ} 等于所有组成环的公差 TAi 之和，即：

$$TA_{\Sigma} = \sum_{i=1}^{n+1} TAi$$

▶ **练习与思考** ▶▶▶

1. 试设计如左下图所示的叶盘零件。

2. 根据右下图的叶轮，分析一下加工工艺，然后编写叶轮的加工程序与生成 NC 代码。

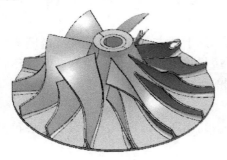 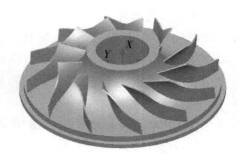

中级加工中心操作工理论样题

一、单选题（每题 0.5 分，满分 80 分。）

1. 程序中的准备功能，也称为（ ）。

A. G 指令　　　　　B. M 指令　　　　　C. T 指令　　　　　D. S 指令

2. 合像水平仪或自准直的光学量仪测量各段视值读数，反映各分段的倾斜度误差，不能直接反映被测表面的（ ）误差。

A. 直线度　　　　　B. 平行度　　　　　C. 倾斜度　　　　　D. 垂直度

3. 当凸模和凹模分别加工时，必须使他们的制造公差之和（ ）间隙的公差，只有这样才能保证制成和模具有合理的间隙。

A. 等于　　　　　B. 大于　　　　　C. 小于　　　　　D. 包括

4. 数控铣床的刀具补偿功能，分为（ ）和刀尖圆弧半径补偿。

A. 刀具直径补偿　　　　　　　　　B. 刀具长度补偿

C. 刀具软件补偿　　　　　　　　　D. 刀具硬件补偿

5. 以下关于节俭的说法，你认为正确的是（ ）。

A. 节俭是美德但不利于拉动经济增长

B. 节俭是物质匮乏时代的需要，不适应现代社会

C. 生产的发展主要靠节俭来实现

D. 节俭不仅具有道德价值，也具有经济价值

6. 数控系统的报警大体可以分为操作报警、程序错误报警、驱动报警及系统错误报警，某个数控机床在启动后显示"没有 Z 轴反馈"，这属于（ ）。

A. 操作错误报警　　　　　　　　　B. 程序错误报警

C. 驱动错误报警　　　　　　　　　D. 系统错误报警

7. 切削不锈钢材料选择切削用量时，应选择（ ）。

A. 较低的切削速度和较小的进给量　　B. 较低的切削速度和较大的进给量

C. 较高的切削速度和较小的进给量　　D. 较高的切削速度和较大的进给量

8. 数控机床（ ）时，可输入单一命令使机床动作。

A. 快速进给　　　B. 手动数据输入　　　C. 回零　　　　　D. 手动进给

9. FANUC – 0i-MD 系统的报警信息 "034 NO CIRC ALLOWED IN ST – UP/EXT BLK"

表示（　　　）。

A. G02/G03 指令中，没有指定终点坐标

B. 刀具半径补偿 B 中，不允许进行起刀或取消刀补

C. 刀具半径补偿 C 中，在 G02/G03 方式进行起刀或取消刀补

D. G02/G03 指令中，没有指定终点坐标；刀具半径补偿 B 中，不允许进行起刀或取消刀补；刀具半径补偿 C 中，在 G02/G03 方式进行起刀或取消刀补都不对

10. 双交换工作台的输送装置的（　　　）可以是气动元件，也可以是机械或电动元件。

A. 执行元件　　　　B. 检测元件　　　　C. 安全元件　　　　D. 运动元件

11. CRT 无辉度或无显示的原因诊断：（　　　）。

A. 检查 CRT 单元输入电压是否正常

B. 检查与 CRT 单元有关的电线接触是否良好

C. 检查 CRT 按口板或主控板是否良好

D. 检查 CRT 单元输入电压是否正常，检查与 CRT 单元有关的电线接触是否良好，检查 CRT 按口板或主控板是否良好均对

12. 数控加工中心与普通数控铣床、镗床的主要区别是（　　　）。

A. 一般具有三个数控轴

B. 设置有刀库，在加工过程中由程序自动选用和更换

C. 能完成钻、铰、攻丝、铣、镗等加工功能

D. 主要用于箱体类型零件的加工

13. 使用加工中心时，必须（　　　）横检查冷却风扇工作是否正常，风道过滤是否堵塞。

A. 每月　　　　B. 不定时　　　　C. 每天　　　　D. 每周

14. 插补过程中，要保证位移的实际轨迹尽量与理想轨迹一致，（　　　）的位置就应越接近理想轨迹，这需要在数控系统中进行相当复杂的工作，对各坐标方向上的动态位移量（脉冲数）不断地进行精确的计算，然后按主控制器发出的指令，向输出线路送出其插补计算后的结果。

A. 节点　　　　B. 交点　　　　C. 切点　　　　D. 中点

15. 三棱柱的三个投影是（　　　）。

A. 三个三角形　　　　　　　　　B. 两个三角形、一个矩形

C. 一个三角形、两个矩形　　　　D. 三个矩形

16. 数控机床在轮廓拐角处产生"欠程"现象，应采用（　　　）方法控制。

A. 提高进给速度　　　　　　　　B. 修改坐标点

C. 减速或暂停　　　　　　　　　D. 调整进给量

17. 在运算指令中，#i = #jAND#k 代表的意义是（　　　）。

A. 倒数和余数　　　B. 分数　　　C. 逻辑乘　　　D. 正数和小数

18. 采用单角度铣刀铣削 V 形槽的方法：先用一个基准侧面与固定钳口贴合定位夹紧，加工 V 形槽的一侧 V 形面，然后将工件转过（　　），用另一基准侧面与固定钳口贴合定位夹紧，工作台横向位置不变，铣削另一侧的 V 形面。这样加工后的 V 形槽，与两侧面对称度精度就较高。

A. 90°　　　　　　B. 180°　　　　　　C. V 夹角　　　　　　D. V 夹角/2

19. 在切削加工工序安排中，下列的安排顺序原则（　　）不正确。

A. 基面先行原则　　　　　　　　　　B. 先粗后精原则

C. 先里后外原则　　　　　　　　　　D. 先面后孔原则

20. 传感器是把被测量变换为有用（　　）的一种装置。

A. 功率　　　　　　B. 功　　　　　　C. 电信号　　　　　　D. 动力

21. 用扩孔钻加工达到的公差等级为（　　）。

A. IT10～IT11　　　B. IT12～IT13　　　C. IT8～IT9　　　D. IT14～IT15

22. 锥柄铰刀的锥度常用（　　）。

A. 莫氏　　　　　　B. 白氏　　　　　　C. 佳诺　　　　　　D. 铣床主轴锥度

23. 变量包括局部变量、（　　）。

A. 整体变量　　　　　　　　　　　　B. 大变量

C. 公用变量和系统变量　　　　　　　D. 小变量

24. 逐点比较圆弧插补时，若偏差逐数等于零，说明刀具在（　　）。

A. 圆内　　　　　　B. 圆上　　　　　　C. 圆外　　　　　　D. 圆心

25. 对铸铁箱体上精度为 IT6、表面粗糙度为 $Ra\,0.4\mu m$ 的孔可用（　　）方法来保证。

A. 铣削　　　　　　B. 钻削　　　　　　C. 浮动镗削　　　　　　D. 反向镗削

26. 三坐标测量仪主要由底座、尾座、测量座、支架以及（　　）等组成。

A. 工作台　　　　　B. 手轮　　　　　　C. 微调螺钉　　　　　　D. 锁紧螺钉

27. 模具由各种零件组成，其制造过程包括（　　）、钳工的装配以及模具的试冲和调整。

A. 零件设计　　　　B. 毛坯选择　　　　C. 零件调质　　　　D. 零件加工

28. 加工中心上应用组合夹具，有（　　）优点。

①节约夹具的设备制造工上时　②缩短生产准备周期　③夹具精度高　④便于单件生产

A. ①②　　　　　　B. ③④　　　　　　C. ①②④　　　　　　D. ①③

29. 在单件生产时，若没有合适的燕尾槽铣刀，可用与燕尾槽和燕尾块角度相等的（　　）来铣削燕尾槽。

A. 三面刃铣刀　　　B. 端铣刀　　　　　C. 双角铣刀　　　　D. 单角铣刀

30. $\sin45°\cos45° + \sin30° + \sin75°tg120°\cos90°$ 的结果为（　　）。

A. 1/2　　　　　　B. (21/2)／2　　　　C. 1　　　　　　D. (31/2)／2

31. 平面内两个支承板组合起来使用可限制工件的（　　）个自由度。

A. 1 　　　　　　B. 2 　　　　　　C. 3 　　　　　　D. 4

32. 钻黄铜或青铜的群钻要避免扎刀现象，就要设法把钻头外缘处的前角（　　）。

A. 磨大些 　　　　B. 磨小些 　　　　C. 磨锋利些 　　　　D. 保持不变

33. CAXA 制造工程师软件在安装过程中，（　　）是正确的。

A. 需要输入计算机的网卡物理地址 　　　　B. 需要输入软件加密锁的序列号

C. 需要绑定计算机的硬件设备 　　　　D. A、B 和 C

34. 产生加工误差的因素有（　　）。

A. 工艺系统的几何误差

B. 工艺系统的受力、变热变形所引起的误差

C. 工件内应力所引起的误差

D. A、B 和 C

35. 镗孔循环指令 G88 中，若 Z 的移动量为零，表示该指令（　　）。

A. 不执行 　　　　　　　　　　　　B. Z 向不动

C. 无限止地循环下去 　　　　　　　D. 主轴不旋转

36. 两十字交叉孔的加工，尤其是在已有一通孔的前提下，再加工第二个孔，需要刀具有很好的（　　）来定位，否则很可能会使第二个孔偏斜，更严重的可能会使刀具折断。

A. 弹性 　　　　　B. 韧性 　　　　　C. 塑性 　　　　　D. 刚性

37. 数控机床机械系统的日常维护中，需每天检查的有（　　）。

A. 导轨润滑油箱 　　B. 滚珠丝杠 　　C. 液压油路 　　D. 润滑液压泵

38. 常用公制千分尺的最小读值是（　　）。

A. 0.01 mm 　　　　B. 0.02 mm 　　　　C. 0.05 mm 　　　　D. 0.5 mm

39. 端铣刀刀柄（　　）是产生铣削异常振动的原因之一。

A. 过短 　　　　　B. 过长 　　　　　C. 伸出过长 　　　　D. 伸出过短

40. 加工中心的滚珠丝杠应（　　）检查一次。

A. 两年 　　　　　B. 一个月 　　　　C. 一周 　　　　　D. 半年

41. 标形位公差时箭头（　　）。

A. 要指向被测要素 　　　　　　　　B. 要指向基准要素

C. 必须与尺寸线错开 　　　　　　　D. 都要与尺寸线对齐

42. 数控加工生产中，对曲面加工常采用（　　）铣刀。

A. 球头 　　　　　B. 棒状 　　　　　C. 圆鼻 　　　　　D. 成形

43. （　　）比成组夹具通用范围更大。

A. 可调夹具 　　B. 车床夹具 　　C. 钻床夹具 　　D. 磨床夹具

44. 粗基准选择时，应选择（　　）表面为粗基准，因为重要表面一般都要求余量均匀。

A. 次要 B. 粗糙 C. 重要 D. 加工

45. CAXA 制造工程师软件中"椭圆"命令中主要用（ ）参数来绘制椭圆。

A. 长半轴和短半轴 B. 短轴 C. 长半轴 D. 长轴

46. 在坐标镗床上加工双斜孔，通过两次转直，按新坐标调整机床，使主轴与待加工孔的轴线（ ），即可以进行孔的镗削。

A. 平行 B. 垂直 C. 重合 D. 倾斜

47. 整体三面刃铣刀一般采用（ ）制造。

A. YT 类硬质合金 B. YG 类硬质合金

C. 高速钢刀具 D. 陶瓷刀具

48. 企业文化的核心是（ ）。

A. 企业价值观 B. 企业目标 C. 企业形象 D. 企业经营策略

49. CAXA 制造工程师软件草图里可以对元素的标注尺寸进行尺寸驱动，点击该标注尺寸的（ ）。

A. 标注尺寸的数字 B. 该标注尺寸的原元素

C. 标注尺寸的尺寸线 D. 标注尺寸旁边的空白处

50. 采用长柱孔定位可以消除工件（ ）自由度。

A. 两个平动 B. 两个平动、两个转动

C. 三个平动、一个转动 D. 两个平动、一个转动

51. 检验工件是否垂直，一般可用（ ）量测。

A. 游标卡尺 B. 千分尺 C. 直角规 D. 深度规

52. 工件和刀具要装夹牢固，选用合理刀具角度与（ ），以减小切削力。

A. 切削速度 B. 切削深度 C. 进给量 D. 切削用量

53. Rz 是表示表面粗糙度评定参数中（ ）的符号。

A. 轮廓最大高度 B. 微观不平度十点高度

C. 轮廓算术平均偏差 D. 轮廓不平行度

54. CAXA 制造工程师软件中有关镜像几何变换说法错误的是（ ）。

A. 平面镜像时要求选择"镜像轴首点"

B. 平面镜像不可以在镜像的同时拷贝元素

C. 平面镜像时要求选择"镜像轴末点"

D. A、B 和 C

55. 合像水平仪水准器内气泡的两端圆弧，通过（ ）反射至目镜，形成左右两半合像。

A. 透镜 B. 物镜 C. 棱镜 D. 反射镜

56. 可转位铣刀常用刀片有（ ）。

A. 硬质合金 B. 硬质合金钢 C. 高速钢 D. 套吃碳素工具钢

57. 用立铣刀铣 V 形槽，调整、扳转（ ）铣削 V 形槽。

A. 工作台　　　　　　B. 分度头　　　　　　C. 转盘　　　　　　D. 立铣头

58. 数控铣床常用刀具种类很多，一般按（　　　）分类，常见的有盘铣刀、立铣刀、整体式、镶嵌式及可调式铣刀等，其他还可使用通用铣刀。

A. 尺寸和形状　　　　　　　　　　　　B. 形状和用途

C. 形状和用途　　　　　　　　　　　　D. 形状和结构

59. 在设备的维护保养制度中，（　　　）是基础。

A. 日常保养　　　　B. 一级保养　　　　C. 二级保养　　　　D. 三级保养

60. Mastercam 中，直纹曲面是一条（　　　）顺接曲线，而举升曲面是一条平滑顺接曲线。

A. 线性　　　　　　B. 非线性　　　　　　C. 圆形　　　　　　D. 非圆形

61. 下列零件不适合在加工中心上生产的是（　　　）。

A. 需要频繁改型的产品　　　　　　　　B. 多工位和多工序可集中的零件

C. 难测量的零件　　　　　　　　　　　D. 装夹困难的零件

62. 以下情况中能用细实线绘制的是（　　　）。

A. 可见轮廓线　　B. 相贯线　　　　　C. 剖切符号用线　　D. 尺寸线

63. 六点定位规则中，支承点必须合理分布，需（　　　）。

A. 主要定位基准上三点应在同一条直线上

B. 导向定位基准上两点的两线应与主要定位基准面垂直

C. 止推定位基准应设置两点

D. A、B 和 C 都不是

64. 已知直线经过 (x_1, y_1) 点，斜率为 k（$k \neq 0$），则直线方程为（　　　）。

A. $y - y_1 = k(x - x_1)$　B. $y = 5kx + 3$　　C. $y = 9k(x - x_1)$　　D. $y = 4x + b$

65. 工件加工完毕后，应将刀具从刀库中卸下，按（　　　）清理编号入库。

A. 刀具序号　　　　　　　　　　　　　B. 调整卡或程序

C. 任意顺序　　　　　　　　　　　　　D. 所夹刀具名称

66. 工件安装时按照作用的不同，工件的基准是（　　　）。

A. 设计基准　　　　B. 工艺基准　　　　C. 粗基准和精基准　　D. 测量基准

67. 进行曲面精加工，下列方案中最为合理的是（　　　）。

A. 球头刀行切法　　　　　　　　　　　B. 球头刀环切法

C. 立铣刀环切法　　　　　　　　　　　D. 立铣刀行切法

68. 职业道德建设与企业的竞争力的关系是（　　　）。

A. 互不相关　　　　　　　　　　　　　B. 源泉与动力关系

C. 相辅相成关系　　　　　　　　　　　D. 局部与全局关系

69. 立式铣床主轴与工作台面不垂直，用横向进给铣削会铣出（　　　）。

A. 平行或垂直面　　B. 斜面　　　　　　C. 凹面　　　　　　D. 凸面

70. 箱体类零件一般是指（　　　）个孔系，内部有一定型腔，在长、宽、高方向有一定比例的零件。

    A. 至少具有 3   B. 至多具有 1   C. 具有多于 1   D. 至少具有 4

71. CAXA 制造工程师软件中"进刀参数"在（   ）项中输入。

    A. 加工参数   B. 切削用量   C. 切入切出   D. 公共参数

72. 职业道德修养属于（   ）。

    A. 个人性格的修养   B. 个人文化的修养

    C. 思想品德的修养   D. 专业技能的素养

73. 平板通过刮削而获得较高的精度，首先要有精度高的（   ）。

    A. 组合夹具   B. 先进模具   C. 成形刀具   D. 检验工具

74. 有一两端由两个活塞密封的装满液体的阶梯状圆柱形容器，水平放置，一端活塞的直径为 30 mm，另一端活塞的直径为 10 mm，若在直径 30 mm 的活塞上施加水平 10N 的力，在另一活塞上可获得（   ）的力。

    A. 1.11N   B. 90N   C. 3.33N   D. 30N

75. 含碳量为 0.06% ~0.3% 的钢，称为（   ）。

    A. 低碳钢   B. 中碳钢   C. 高碳钢   D. 合金钢

76. 从提高刀具耐用度和工件表面质量，增加工件夹持的稳定性等观点出发，一般应采用（   ）。

    A. 顺铣   B. 端铣   C. 逆铣   D. 周铣

77. HSK 刀柄是一种新型的高速锥形刀柄，其锥度是（   ）。

    A. 7:24   B. 1:10   C. 1:20   D. 1:50

78. 用百分表测量平面时，触头应与平面（   ）。

    A. 倾斜   B. 垂直   C. 水平   D. 平行

79. 数控机床的（   ）就是指从零件图分析到程序检验的全部过程。

    A. 程序检验   B. 程序编制   C. 程序储存   D. 程序输入

80. 如果夹紧力过大会产生（   ）。

    A. 工件位移   B. 工件震动

    C. 工件表面损伤   D. 加工部分表面精度下降

81. 在运算指令中，#i = EXP［#j］代表的意义是（   ）。

    A. $X + Y + Z$ B. e^x C. $X + Y$ D. 9×2

82. 沿刀具前进方向观察，刀具偏在工件轮廓的左边是（   ）指令。

    A. G40   B. G41   C. G42   D. G43

83. 文明礼貌是从业人员的基本素质，因为它是（   ）的基础。

    A. 提高员工文化   B. 塑造企业形象

    C. 提高员工素质   D. 提高产品质量

84. 为了除去塑性变形、焊接等造成的以及铸件内残余应力而进行的热处理称为（   ）。

A. 完全退火 　　　 B. 球化退火 　　　 C. 去应力退火 　　　 D. 正火

85. 同一被测平面的平面度和平行度公差值之间的关系，一定是平面度公差值（　　）平行度公差值。

A. 等于 　　　 B. 大于 　　　 C. 小于 　　　 D. 大于或小于

86. 当台阶的尺寸较大时，为了提高生产效率和加工精度，应（　　）铣削加工。

A. 卧铣上用三面铣刀 　　　　　　　 B. 立铣上用面铣刀

C. 立铣上用键槽铣刀 　　　　　　　 D. 卧铣上用圆柱铣刀

87. GSK990M 数控系统，在 G91 时，R 值为从初始平面到（　　）的增量。

A. 初始平面 　　　 B. 工件平面 　　　 C. R 点平面 　　　 D. 终点平面

88. 用行（层）切法加工空间立体曲面，即三坐标运动、二坐标联动的编程方法称为（　　）加工。

A. 4.5 维 　　　 B. 5.5 维 　　　 C. 2.5 维 　　　 D. 3.5 维

89. 铣削矩形工件时，应选择一个较大的表面，或以图样上给定的（　　）面作为定位基准。

A. 工艺基准 　　　 B. 安装基准 　　　 C. 设计基准 　　　 D. 加工基准

90. 对于数控机床最具机床精度特征的一项指标是（　　）。

A. 机床的运动精度 　　　　　　　 B. 机床的传动精度

C. 机床的定位精度 　　　　　　　 D. 机床的几何精度

91. （　　）都不是合金结构钢。

A. 20Mn、20Cr 　　　　　　　 B. 20CrMnTi、GCr15

C. T12、T8A 　　　　　　　 D. 20CrMnTi、20Mn

92. CAXA 制造工程师软件中，在"清除抬刀"中选择"指定删除"时，不能拾取（　　）作为要抬刀的刀位点。

A. 切入开始点 　　　　　　　 B. 切入结束点

C. 切出开始点 　　　　　　　 D. 切出结束点

93. 直线与椭圆位置关系：

$y = kx + m$ 　①

$x^2/a^2 + y^2/b^2 = 1$ 　②

由①②可推出 $x^2/a^2 + (kx+m)^2/b^2 = 1$

当 $\Delta = 0$ 时，则直线与椭圆（　　）。

A. 相惯 　　　 B. 相交 　　　 C. 相离 　　　 D. 相切

94. 铣削燕尾槽或燕尾时，应选用较小（　　）。

A. 切削用量 　　　 B. 进给量 　　　 C. 切削深度 　　　 D. 切削速度

95. 配合是指（　　）的孔和轴公差带之间的关系，并根据其位置关系不同分为间隙配合、过盈配合和过渡配合三大类。

A. 最大极限尺寸相等 　　　　　　　 B. 最小极限尺寸相等

C. 基本尺寸相同   D. 基本尺寸相同，互相结合的

96. 硬质合金的耐热温度为（   ）。

A. 300℃ ~ 400℃   B. 500℃ ~ 600℃   C. 800℃ ~ 1 000℃   D. 1 100℃ ~ 1 300℃

97. 就单孔加工而言，其加工有一次钻进和（   ）钻进之分。

A. 二次   B. 三次   C. 四次   D. 间歇

98. 60K9 的含义是（   ）。

A. 基孔制的轴，公差等级为 IT9   B. 基轴制的孔，精度等级为 IT9

C. 基轴制的孔，公差等级为 IT9   D. 基孔制的轴，精度等级为 IT9

99. 诚实守信是做人的行为准则，在现实生活中正确的观点是（   ）。

A. 诚实守信与市场经济相冲突

B. 诚实守信是市场经济必须遵守的法则

C. 是否诚实守信要视具体情况而定

D. 诚实守信是"呆""傻""憨"

100. 各种内径千分尺中，量测误差较小的是（   ）。

A. 棒形   B. 三点式   C. 卡仪式   D. 可换测杆式

101. 编制了圆周均布孔系加工的子程序，只需在子程序中给出圆周均布孔系的中心坐标、（   ）、等分数及（   ）角度，子程序就可根据所赋相应变量的值进行自动运算，实现等分圆周孔系中各孔的加工。

A. 半径　起始   B. 直径　起始

C. 半径　终止   D. 直径　终止

102. 下列说法正确的是（   ）。

A. 工件要尽可能地凸出虎钳钳口上面

B. 工件露出虎钳钳口之部分应尽量减少

C. 夹持前工件不须先去除毛边

D. 为达良好平行度，工件下方不可垫平行块

103. 切削进给量是加工沟槽中的重要参数，进给量与表面粗糙度的关系是（   ）。

A. 进给量增大，降低表面粗糙度值

B. 进给量不影响粗糙度

C. 适当减小进给量，降低表面粗糙度值

D. 进给量越小，表面粗糙度值越低

104. 在生产上常采用对角线法的过渡基准平面作为评定基准，因为它（   ）最小条件。

A. 符合   B. 不符合   C. 等同   D. 接近

105. 在正交面中测量的前刀面与基面间的夹角是指（   ）。

A. 主偏角   B. 副偏角   C. 前角   D. 后角

106. （   ）是销的基本形式。

A. 圆柱销　　　　　B. 螺尾锥销　　　　　C. 开中销　　　　　D. 开尾圆锥销

107. 可以用来制作切削工具的材料是（　　　）。

A. 低碳钢　　　　　B. 中碳钢　　　　　C. 高碳钢　　　　　D. 纯铁

108. 加工中心机床主轴功率及转矩选择：主轴电动机功率反映了整机的（　　　），也反映了整机的切削刚性。

A. 切削功率　　　　B. 加工精度　　　　C. 定位精度　　　　D. 重复定位精度

109. 有一工件标注为 $\varnothing$10cd7，其中 cd7 表示（　　　）。

A. 轴公差代号　　　B. 孔公差代号　　　C. 配合代号　　　　D. 公差代号

110. 滑动轴承，按其摩擦状态分为液体摩擦轴承和（　　　）摩擦轴承。

A. 气体　　　　　　B. 固体　　　　　　C. 滚动　　　　　　D. 非液体

111. 不属于环切法加工的切削方法是（　　　）。

A. 由内至外环切　　　　　　　　　　B. 由外至内环切

C. 由浅到深　　　　　　　　　　　　D. 由深到浅

112. （　　　）属于诚实劳动。

A. 出工不出力　　　　　　　　　　　B. 风险投资

C. 制造假冒伪劣产品　　　　　　　　D. 盗版

113. 9W18Cr4V（简称 9W18）用于耐磨性要求高的铰刀、丝锥以及加工较硬的材料（220~250HBS）的刀具，寿命一般可提高（　　　）。

A. 5~8 倍　　　　　B. 0.5~0.8 倍　　　C. 8~10 倍　　　　D. 10 倍以上

114. CAXA 制造工程师 2008 软件中下列加工方法刀具轨迹可以根据零件造型的不同而自动改变层高的是（　　　）。

A. 参数线精加工　　　　　　　　　　B. 扫描线精加工

C. 等高线精加工　　　　　　　　　　D. 三维偏置精加工

115. CAXA 制造工程师刀具轨迹中，"行间连接"的速度在（　　　）设定。

A. 切入切出连接速度　　　　　　　　B. 切削速度

C. 退刀速度　　　　　　　　　　　　D. 主轴转速

116. 外螺纹的规定画法是牙顶（大径）及螺纹终止线用（　　　）表示。

A. 细实线　　　　　B. 细点画线　　　　C. 粗实线　　　　　D. 波浪线

117. 绝对坐标编程指令（　　　）。

A. G90　　　　　　B. G91　　　　　　C. G92　　　　　　D. G93

118. 尺寸偏差是某一尺寸减其（　　　）所得的代数差。

A. 实际尺寸　　　　B. 极限尺寸　　　　C. 允许尺寸　　　　D. 基本尺寸

119. 孔的形状精度主要有圆度和（　　　）。

A. 垂直度　　　　　B. 平行度　　　　　C. 同轴度　　　　　D. 圆柱度

120. 塞尺是具有准确厚度尺寸的单片或成组的薄片，用于检验间隙的测量器具，是尺片的厚度 0.02~1mm，长度（　　　）mm 的量具。

A. 45～50　　　　　B. 50～100　　　　C. 45～120　　　　D. 75～300

121. 以下关于勤劳节俭的说法，你认为正确的是（　　）。

A. 阻碍消费，因而会阻碍市场经济的发展

B. 市场经济需要勤劳，但不需要节俭

C. 节俭是促进经济发展的动力

D. 节俭有利于节省资源，但与提高生产力无关

122. $Ra6.3\mu m$ 的含义是（　　）。

A. 精度为 $6.3\mu m$　　　　　　　　　　B. 光洁度为 $6.3\mu m$

C. 粗糙度为 $6.3\mu m$　　　　　　　　　D. 尺寸精度为 $6.3\mu m$

123. 钩头斜键的钩头与套件之间（　　）。

A. 紧贴　　　　　B. 进入　　　　　C. 留有间隙　　　　D. 留有距离

124. 金属材料在载荷作用下抵抗变形和破裂的能力叫（　　）。

A. 硬度　　　　　B. 刚度　　　　　C. 强度　　　　　D. 弹性

125. 导轨的作用是使运动部件能沿一定轨迹的导向，并承受（　　）及工件的重量和切削力。

A. 运动部件　　　　B. 移动零件　　　　C. 切削　　　　D. 切削热变形

126. 滚珠丝杠副的基本导程 L_0 减小，可以（　　）。

A. 提高精度　　　　　　　　　　　　　B. 提高承载能力

C. 提高传动效率　　　　　　　　　　　D. 加大螺旋升角

127. 紧键连接的对中性（　　）。

A. 好　　　　　B. 较好　　　　　C. 一般　　　　　D. 差

128. 硬度的表示方式有多种，机械工程上最常用的不包含（　　）。

A. 布氏硬度　　　　B. 莫氏硬度　　　　C. 洛氏硬度　　　　D. 维氏硬度

129. CAXA 制造工程师软件中，刀具在切出时不可以选择的切出方式有（　　）。

A. 直线　　　　　B. 圆弧　　　　　C. S 形　　　　　D. 沿着形状

130. 定位销的尺寸由（　　）决定。

A. 结构　　　　　B. 强度　　　　　C. 刚度　　　　　D. 速度

131. 从整体式叶轮的几何结构和工艺过程可以看出，加工整体式叶轮时，加工轨迹规划的约束条件比较多，相邻的叶片之间空间较小，加工时极易产生碰撞（　　），自动生成无干涉加工轨迹比较困难。

A. 干涉　　　　　B. 痕迹　　　　　C. 振动　　　　　D. 轨迹

132. 卧式加工中心传动装置主要有（　　）、静压蜗轮蜗杆副、预加载荷双齿轮一齿条。

A. 丝杠螺母　　　　B. 曲轴连杆　　　　C. 凸轮顶杆　　　　D. 滚珠丝杠

133. CAXA 制造工程师软件中关于缩放几何变换描述正确的是（　　）。

A. 缩放只可以同时控制 X 轴方向、Y 轴方向的比例

B. 缩放可以同时控制 X 轴方向、Y 轴方向、Z 轴方向的比例

C. 缩放只可以同时控制 X 轴方向、Z 轴方向的比例

D. 缩放只可以同时控制 Y 轴方向、Z 轴方向的比例

134. （　　）刀补在工件轮廓的拐角处用圆弧过渡。

A. A 型 　　　　　　B. B 型 　　　　　　C. C 型 　　　　　　D. D 型

135. 在 CAXA 制造工程师软件中，"轨迹裁剪"的裁剪平面不能在指定（　　）平面为裁剪平面。

A. XY 　　　　　　B. YZ 　　　　　　C. ZX 　　　　　　D. XYZ

136. 下列形位公差项目中，属于定位公差的是（　　）。

A. 平行度 　　　　　　B. 倾斜度 　　　　　　C. 位置度 　　　　　　D. 平面度

137. 在制造工程师中，用"区域式粗加工"生成单层铣平面而且要使轨迹是从外向内铣削时，在轨迹生成之后还要对轨迹进行（　　）操作。

A. 轨迹反向 　　　　　　B. 轨迹裁剪 　　　　　　C. 轨迹连接 　　　　　　D. 轨迹打断

138. （　　）为常用的开环伺服系统的执行元件。

A. 直流电机 　　　　　B. 交流电机 　　　　　C. 直流伺服电机 　　　D. 步进电机

139. CAXA 制造工程师软件中关于"拉伸减料"造型方法描述错误的是（　　）。

A. 拉伸类型中可选"固定深度" 　　　　　　B. 拉伸中不能增加拨模角度

C. 拉伸类型中可选"贯穿" 　　　　　　　　D. 拉伸类型中可选"双向拉伸"

140. 步进电机在工作时，有（　　）两种基本运行状态。

A. 运转和定位 　　　　　　　　　　B. 运动和停止

C. 通电和断电 　　　　　　　　　　D. 闭合和断开

141. CAXA 制造工程师软件中关于特征实体编辑的方法错误的是（　　）。

A. 抽壳 　　　　　　B. 实体表面 　　　　　　C. 线性阵列 　　　　　　D. 环形阵列

142. CAXA 制造工程师软件中下列球体曲面造型的条件正确的是（　　）。

A. 一草图直线为旋转轴和一草图截面为母线

B. 一空间直线为旋转轴和一草图截面为母线

C. 一空间直线为旋转轴和一空间截面为母线

D. 一空间直线为旋转轴和一实体边为母线

143. 表面粗糙度反映的是零件被加工表面上的微观几何（　　）。

A. 形状误差 　　　　B. 定向误差 　　　　C. 定位误差 　　　　D. 跳动误差

144. 当夹持工件时，需同时检验夹持方法及（　　），既需顾及工件的刚性，又要防止过度夹持造成的夹持松脱。

A. 夹持方向 　　　　B. 夹持部位 　　　　C. 夹持压力 　　　　D. 夹持角度

145. 一般情况，（　　）刀粒不能加工铝件，可以加工铁件；（　　）刀粒不能加工铁件，可以加工铝件。

A. CBN　CBN 　　　　B. CBN　PCD 　　　　C. PCD　CBN 　　　　D. PCD　PCD

146. （　　）经淬火后获得硬度最高。

A. 45　　　　　　　　B. 40Cr　　　　　　C. 18CrMnTi　　　　D. W18Cr4V

147. 在铣削轴类零件键槽时，（　　）受工件直径变化而影响键槽的对称度。

A. 平口钳装夹　　　　　　　　　　　　B. 用 V 形垫铁装夹

C. 用分度头定中心装夹　　　　　　　　D. 用顶尖定中心装夹

148. 数控机床回零时，要（　　）。

A. X、Z 同时　　　　B. 先刀架　　　　　C. 先 Z 后 X　　　　D. 先 X 后 Z

149. 刀库回零时，（　　）回零。

A. 只能从一个方向　　　　　　　　　　B. 可从 X、Y 方向

C. 可从 Z 方向　　　　　　　　　　　　D. 可从 X、Y、Z 方向

150. 若在数控机床的交流伺服电机上安装了角位移传感器，则称之为（　　）控制。

A. 开环　　　　　　　B. 半闭环　　　　　C. 闭环　　　　　　D. 增环

151. 复杂曲面加工过程中往往通过改变（　　）来避免刀具、工件、夹具和机床间的干涉和优化数控程序。

A. 距离　　　　　　　B. 角度　　　　　　C. 矢量　　　　　　D. 方向

152. 用于深孔加工的固定循环的指令代码是（　　）。

A. G81　　　　　　　B. G82　　　　　　C. G83　　　　　　D. G85

153. 铣削凹模型腔平面封闭内轮廓时，刀具只能沿轮廓曲线的方向切入或切出，但刀具的切入切出点应选在（　　）。

A. 圆弧位置　　　　　　　　　　　　　B. 直线位置

C. 几何位置　　　　　　　　　　　　　D. 两几何元素交点位置

154. 以下不是液压传动系统对换向阀的性能主要要求的是（　　）。

A. 油液流经换向阀时压力损失要小　　　B. 互不相同的油口间的泄露要小

C. 较高的定压精度　　　　　　　　　　D. 换向要平稳迅速

155. 攻螺纹循环中（　　）。

A. G74、G84 均为主轴正转攻入，反转退出

B. G74 为主轴正转攻入，反转退出；G84 均为主轴正转攻入，正转退出

C. G74、G84 均为主轴反转攻入，正转退出

D. G74 为主轴反转攻入，反转退出；G84 均为主轴正转攻入，反转退出

156. G84 指令代码中（　　）。

A. 从 R 点到 Z 点正转，在孔底暂停后主轴反转

B. 从 R 点到 Z 点反转，在孔底暂停后主轴反转

C. 从 R 点到 Z 点反转，在孔底暂停后主轴正转

D. 从 R 点到 Z 点反转，在孔底暂停后主轴反转

157. GSK990 系统中，可按下（　　）键使程序运行但机床不移动来检查语法是否出错。

    A. 空运行   B. 机床锁住   C. 辅助锁住   D. 进给保持

158. 离子渗氮是靠晖光放电产生的活性 N（　　）轰击并仅加热钢铁零件表面，发生（　　）反应生成核化物实现硬化的。

    A. 原子　核   B. 离子　核   C. 原子　化学   D. 离子　化学

159. GSK218M 系统 G65 P#201 Q#202 R10 的含义是（　　）。

    A. #202 = #201 + 10   B. #201 = #202 + 10

    C. #202 = #201 − 10   D. #201 = #202 − 10

160. 下列深沟球轴承简化画法正确的是（　　）。

A.   B.   C.   D.

二、判断题（每题 0.5 分，满分 20 分。）

1. CAXA 制造工程师软件中查询工具可以查询坐标。（　　）

2. CNC 铣床警示灯亮时，表示有异常现象。（　　）

3. 实际尺寸越接近基本尺寸，表明加工越精确。（　　）

4. 气压传动适用于远距离输送、大功率工作。（　　）

5. 公差分为"尺寸公差"和"形位公差"两种。（　　）

6. 千分尺是利用螺纹原理制成的一种量具。（　　）

7. CAXA 制造工程师软件文件格式是 mxe。（　　）

8. 检测台阶时常用游标卡尺、深度游标卡尺来检测。（　　）

9. 端铣刀可用来铣削平面、侧面和阶梯面。（　　）

10. 车削脆性材料时，车刀应选择较大的前角。（　　）

11. 真空高压气冷淬火的用途是材料的淬火和回火，不锈钢和特殊合金的固溶、时效，离子渗碳和碳氮共渗，以及真空烧结，钎焊后的冷却和淬火。（　　）

12. 空间斜孔只能在坐标镗床上用万能倾斜转台加工。（　　）

13. 在基孔制中，轴的基本偏差从 a 到 h 用于间隙配合。（　　）

14. 在轮廓铣削加工中，若采用刀具半径补偿指令编程，刀补的建立与取消应在轮廓上进行，这样的程序才能保证零件的加工精度。（　　）

15. 贴塑导轨的刮点要求导轨中间部分接触较多一些。（　　）

16. 在程序中利用变量进行赋值及处理，使程序具有特殊功能，这种程序叫小程序。（　　）

17. 复杂曲面加工过程中往往通过改变角度来避免刀具、工件、夹具和机床间的干涉

和优化数控程序。（　　）

18. 铰削过程是切削和挤压摩擦过程。（　　）

19. 采用工艺孔加工和检验斜孔的方法，精度较低，操作也麻烦。（　　）

20. 夹持铸钢粗胚工件，宜在钳口加上软金属钳口罩。（　　）

21. 在运算指令中，#i = ATAN［#j］／［#k］代表反余弦。（　　）

22. 投影法加工的基本思想是使刀具沿一组事先定义好的导动曲线运动，同时跟踪待加工表面的形状。（　　）

23. 热装夹头是种无夹紧元件的夹头，它利用高能场的感应加热线圈，把刀柄的夹持部分在短时间（10s）内加热，刀柄内径随之扩张，此时立即把刀具装入刀柄内，当刀柄冷却收缩时，产生很高的径向夹紧力将刀具牢牢夹持住。但热量也会传递至夹头的其他部位或刀具的柄部。（　　）

24. 端铣刀直径愈小，每分钟铣削回转数宜愈高。（　　）

25. 燕尾槽和燕尾的槽角可用游标万能角度尺进行测量。（　　）

26. 职业道德主要通过调节企业与市场的关系，增强企业的凝聚力。（　　）

27. 力源装置的作用是产生夹紧力而中间传力机构的作用是将力传给夹紧元件。（　　）

28. CAXA制造工程师软件中，部分加工方法中的刀具切出可以与切入设置一样。（　　）

29. 非模态指令是其指令仅在该程序段内有效，后续的程序段不接受其指令。（　　）

30. 文明礼貌只在自己的工作岗位上讲，其他场合不用讲。（　　）

31. 双V形滚珠导轨，多用于重载机床上和运动部件较重、行程大的场合。（　　）

32. 在夹具中用一个平面对工件的平面进行定位时，它可限制工件的三个自由度。（　　）

33. CAXA制造工程师软件中不可以用"样条线"命令来进行线架造型。（　　）

34. 连杆批量切削表明，零件废品率明显降低，拉削加工表面质量提高了一个等级，即从 $Ra3.2\mu m$ 提高到 $Ra2.2 \sim 1.6\mu m$，拉削振动明显降低，刀具耐用度提高 1.5 ～ 2 倍。（　　）

35. CAXA制造工程师软件中可以用"拉伸增料"的方法来造型实体。（　　）

36. 热膨胀性是金属材料的物理性能。（　　）

37. CAXA制造工程师软件中轨迹的参数修改后系统将会重新计算刀具轨迹。（　　）

38. GSK218M精镗循环G76指令中的 Q 是每次进刀的增量值。（　　）

39. 尺寸公差、形状和位置公差是零件的几何要素。（　　）

40. 凸轮升高量就是工作曲线按一定的升高率旋转一周时的升高量。（　　）

参考答案 ≫≫

一、单选题（每题0.5分，满分80分。）

1. A	2. A	3. C	4. B	5. D	6. C	7. B	8. B	9. C	10. A
11. D	12. B	13. C	14. D	15. C	16. B	17. C	18. B	19. C	20. C
21. A	22. A	23. C	24. B	25. C	26. A	27. D	28. C	29. D	30. C
31. C	32. B	33. B	34. D	35. A	36. D	37. A	38. A	39. C	40. D
41. A	42. A	43. A	44. C	45. A	46. C	47. C	48. A	49. C	50. B
51. C	52. D	53. B	54. B	55. C	56. C	57. D	58. D	59. A	60. A
61. D	62. D	63. D	64. A	65. B	66. C	67. B	68. B	69. B	70. C
71. C	72. C	73. D	74. A	75. A	76. C	77. B	78. B	79. B	80. C
81. B	82. B	83. B	84. C	85. C	86. B	87. C	88. C	89. C	90. C
91. C	92. B	93. D	94. A	95. D	96. C	97. D	98. C	99. B	100. B
101. A	102. B	103. C	104. D	105. C	106. A	107. C	108. A	109. A	110. D
111. C	112. B	113. A	114. C	115. A	116. C	117. A	118. D	119. D	120. D
121. C	122. C	123. D	124. C	125. A	126. A	127. D	128. B	129. C	130. A
131. A	132. D	133. B	134. C	135. D	136. C	137. A	138. D	139. B	140. A
141. B	142. C	143. A	144. C	145. B	146. D	147. A	148. D	149. A	150. B
151. B	152. C	153. D	154. C	155. D	156. A	157. B	158. D	159. A	160. A

二、判断题（每题0.5分，满分20分。）

1. √	2. √	3. ×	4. ×	5. √	6. √	7. √	8. √	9. √	10. ×
11. √	12. ×	13. √	14. √	15. ×	16. ×	17. √	18. √	19. ×	20. √
21. √	22. √	23. ×	24. √	25. √	26. ×	27. √	28. √	29. √	30. ×
31. ×	32. √	33. ×	34. √	35. √	36. √	37. √	38. ×	39. ×	40. ×

高级加工中心操作工理论样题

一、单选题（每题0.5分，满分80分。）

1. 加工双斜孔时，万能转台需经（　　）次旋转，才能将双斜孔轴线调整到可镗削的位置上。

A. 1　　　　　　　B. 2　　　　　　　C. 3　　　　　　　D. 4

2. 当台阶宽度较宽而深度较浅时，常采用（　　）在立式铣床上加工。

A. 端铣刀　　　　B. 立铣刀　　　　C. 盘铣刀　　　　D. 键槽铣刀

3. 以面铣刀铣削平面时，宜尽量使切屑飞向（　　）。

A. 床柱　　　　　B. 操作者　　　　C. 左边　　　　　D. 右边

4. CAXA制造工程师软件"实体仿真"除使用默认毛坯之外，还可以导入（　　）文件格式的模型进行仿真。

A. BMP　　　　　B. X_T　　　　　C. IGS　　　　　D. STL

5. 当磨钝标准相同时，刀具寿命愈高，表示刀具磨损变化发展（　　）。

A. 愈快　　　　　B. 愈慢　　　　　C. 不变　　　　　D. 很快

6. 位移量与指令脉冲数量成（　　）比，位移速度与指令脉冲的频率成（　　）比。

A. 反　反　　　　B. 反　正　　　　C. 正　正　　　　D. 正　反

7. 在CRT/MDI面板的功能键中，显示机床现在位置的键是（　　）。

A. POS　　　　　B. PRGRM　　　　C. OFSET　　　　D. ALARM

8. 什么是道德？正确解释是（　　）。

A. 人的技术水平　　　　　　　　　B. 人的交往能力

C. 人的行为规范　　　　　　　　　D. 人的工作能力

9. 在CAXA制造工程师软件中，不能设定为水平圆弧切出的方式是（　　）。

A. 区域式粗加工　　　　　　　　　B. 平面轮廓精加工

C. 轮廓导动精加工　　　　　　　　D. 导动线粗加工

10. 在CAXA制造工程师软件中，当选择"清除抬刀"的"指定删除"时，不能拾取（　　）作为要抬刀的刀位点。

A. 切入开始点　　　　　　　　　　B. 切入结束点

C. 切出开始点　　　　　　　　　　D. 切出结束点

11. 光学合像水平仪的水准管在测量中起（　　）作用。

A. 定位　　　　　　　B. 读数　　　　　　　C. 示值　　　　　　　D. 修正

12. 铣削 T 形槽时，下列哪种方法较合适（　　）。

A. 用端铣刀先铣直槽再用 T 槽铣刀　　　　　B. 直接用 T 槽铣刀

C. 先钻孔再加工直槽再用 T 槽铣刀　　　　　D. 用半圆键铣刀铣削直槽再用 T 槽铣刀

13. 高速铣刀通常采用细晶粒或超细晶粒硬质合金（晶粒尺寸 $0.2 \sim 1 \mu m$），根据被加工材料选钨钴类或钨钛钴类硬质合金，但含钴量一般不超过（　　）。

A. 4%　　　　　　　B. 6%　　　　　　　C. 8%　　　　　　　D. 2%

14. 加工深沟槽时刀具应具备的性能是（　　）。

A. 足够的强度　　　　　　　　　　　　B. 足够的韧性

C. 足够的高温硬性　　　　　　　　　　D. 足够的硬度和刚度

15. 高速切削加工（High Speed Machining）能够在一定程度上改善难加工材料的（　　），所以难加工材料高速切削技术的研究也越来越为人们所重视。

A. 切削加工性　　　B. 可焊性　　　　　C. 可锻性　　　　　D. 流动性

16. 在时间定额中的成批生产条件下，还要计算准备与结束时间，请指出下列属于准备时间的一项（　　）。

A. 装夹毛坯的时间　　　　　　　　　　B. 领取和熟悉产品图样及工艺规程的时间

C. 领工具时间　　　　　　　　　　　　D. 维护保养机床时间

17. 目前高速铣削已可加工硬度高达 HRC（　　）的零件，因此，高速铣削允许在热处理以后再进行切削加工，使模具制造工艺大大简化。

A. 56　　　　　　　B. 58　　　　　　　C. 60　　　　　　　D. 62

18. 为了追求加工的高效化、高精度化和提高加工中心的开动率，越来越多的用户将装有 CCD（　　）的刀具预调仪作为高精产品使用，而把使用方便、通用性好的投影式刀具预调仪作为标准产品使用。

A. 测量仪　　　　　B. 传感器　　　　　C. 数码相机　　　　　D. 扫描仪

19. 封闭环的基本尺寸等于各增环的基本尺寸（　　）各减环的基本尺寸之和。

A. 之差乘以　　　　B. 之差除以　　　　C. 之和减去　　　　D. 除以

20. CAXA 制造工程师软件"保存图片"命令可以保存（　　）格式的文件。

A. BMP　　　　　　B. JPG　　　　　　C. GIF　　　　　　D. IFF

21. CAXA 制造工程师软件中，以下选项中的行间走刀连接方式，（　　）方式的加工路径最短。

A. 直线　　　　　　　　　　　　　　　B. 半径

C. S 形　　　　　　　　　　　　　　　D. A、B 和 C

22. CAXA 制造工程师软件"后置处理"中，"校核 G 代码"操作中选择反读 G 代码文件后要设定（　　）。

A. 圆心的含义　　　B. 数控系统　　　　C. 轨迹刀具　　　　D. 坐标原点

23. 数控设备中，可加工最复杂零件的控制系统是（　　　）系统。

A. 点位控制　　　　B. 轮廓控制　　　　C. 直线控制　　　　D. 型面控制

24. X6132 型卧式万能铣床进给方向的改变，是利用（　　　）获得的。

A. 改变离合器啮合位置　　　　　　　　B. 改变传动系统的轴数

C. 改变电动机线路　　　　　　　　　　D. 改变换向齿轮合位置

25. 组合机床故障的主要表现形式为（　　　）性故障、（　　　）性故障和调整性故障。

A. 精度　传动　　　　　　　　　　　　B. 动力　振动

C. 结构　操作　　　　　　　　　　　　D. 精度　磨损失灵

26. DNC 和 FMS 的含义是（　　　）。

A. DNC——计算机数控，FMS——柔性制造单元

B. DNC——计算机数控，FMS——柔性制造系统

C. DNC——计算机群控，FMS——柔性制造系统

D. DNC——计算机群控，FMS——柔性制造单元

27. 专用刀具主要针对（　　　）生产中遇到的问题，提高产品质量和加工的效率，降低客户的加工成本。

A. 单件　　　　B. 批量　　　　C. 维修　　　　D. 小量

28. 掉电保护指在正常供电电源掉电时，迅速用备用（　　　）供电，以保证在一段时间内信息不会丢失，当主电源恢复供电时，又自动切换为主电源供电。

A. 脉冲电源　　　　B. 高频电源　　　　C. 直流电源　　　　D. 交流电源

29. 发动机汽缸生产线上需求大量的高速加工用（　　　）丝锥。

A. 优质碳素钢　　　　B. 碳素工具钢　　　　C. 高速钢　　　　D. 硬质合金

30. 计算定位误差时，设计基准与定位基准之间的尺寸，称之为（　　　）。

A. 定位尺寸　　　　B. 计算尺寸　　　　C. 联系尺寸　　　　D. 设计尺寸

31. 压印锉削法加工凸模、凹模常用于（　　　）的场合。

A. 非圆形凸模　　　　　　　　　　　　B. 圆形凸模

C. 有先进加工设备　　　　　　　　　　D. 圆形和非圆形凸模

32. 若下滑座的上层水平面导轨同床身水平面导轨间存在着平行度误差，那么，当镗削平行孔系时，孔中心线将同底面产生（　　　）误差。

A. 平行度　　　　B. 垂直度　　　　C. 尺寸　　　　D. 位置度

33. 在 CRT/MDI 面板的功能键中，用于程序编制的键是（　　　）。

A. POS　　　　B. PRGRM　　　　C. ALARM　　　　D. PARAM

34. 外圆槽面较窄时常用卡钳测量外径，卡钳的测量精度由测量者的手感确定，一般可达（　　　）mm。

A. 0.002 ~ 0.008　　B. 0.015 ~ 0.02　　C. 0.03 ~ 0.05　　D. 0.02 ~ 0.05

35. 在市场经济条件下，职业道德具有（　　　）的社会功能。

A. 鼓励人们自由选择职业　　　　　　　B. 遏制牟利最大化

C. 促进人们的行为规范化　　　　　　　D. 最大限度地克服人们受利益驱动

36. 在标准公差等级中，从 IT01 到 IT18，等级依次（　　），对应的公差值依次（　　）。

A. 降低　增大　　　　　　　　　　　B. 降低　减小

C. 升高　增大　　　　　　　　　　　D. 升高　减小

37. 标准麻花钻修磨分屑槽时，是在（　　）上磨出分屑槽的。

A. 前刀面　　　　B. 后刀面　　　　C. 副后刀面　　　　D. 基面

38. 选择铣削加工的主轴转速的依据是（　　）。

A. 机床的特点和用户的经验

B. 机床本身、工件材料、刀具材料、工件的加工精度和表面粗糙度

C. 工件材料和刀具材料

D. 加工时间定额

39. 五轴加工叶片时，如果叶片之间的流道很窄，材料又不好加工，则可以考虑采用（　　）的方法。

A. 插铣　　　　B. 环切　　　　C. 单向流线铣　　　　D. 双向流线铣

40. 目前生产中通常用切削加工出的（　　）来考核车床的加工精度。

A. 零件粗糙度　　　B. 零件尺寸　　　C. 工件精度　　　D. 工件形状

41. 难加工材料的切削特点切削温度：在切削难加工材料时，切削温度一般（　　）。

A. 比较高　　　　B. 一般　　　　C. 比较低　　　　D. 各不同

42. INSRT 键用于编辑新的程序或（　　）新的程序内容。

A. 插入　　　　B. 修改　　　　C. 更换　　　　D. 删除

43. 数控机床刚性攻丝时，（　　）。

A. Z 轴运动速度和主轴速度无关

B. 在攻丝过程中，Z 轴运动速度不受主轴转速修调的影响

C. 在攻丝过程中，Z 轴运动速度不受速度倍率和进给保持的影响

D. A、B 和 C 都不对

44. CAXA 制造工程师软件中有关三维尺寸标注描述错误的是（　　）。

A. 可以在实体平面上标注三维尺寸

B. 三维尺寸标注后可以编辑标注位置

C. 三维尺寸标注后不可以隐藏

D. 草图尺寸可以转换生成三维尺寸

45. 零件图上，所画视图需将零件的形状结构表达得完全、正确、清楚。在所选择的一组视图中，应该使每个视图都有表达的重点，（　　）应按零件的加工位置或工作位置画出，应能清楚表达零件的基本形状和特征，再配合其他视图将尚未表达清楚的形状结构表达出来。各视图相互配合和补充而不重复，使视图数量适当。

A. 主视图　　　　B. 剖视图　　　　C. 俯视图　　　　D. 左视图

46. 当铣削（   ）材料工件时，铣削速度可适当取得高一些。

    A. 高锰奥氏体   B. 高温合金   C. 紫铜   D. 不锈钢

47. 供电系统有时会突然停电，对计算机系统和外部设备造成损坏。因此，一般要求使用（   ）。

    A. 稳压器   B. 不间断电源   C. 过压保护器   D. 欠压保护器

48. CAXA 制造工程师软件区域粗加工方式中，系统默认的行间走刀连接方式是(   )。

    A. 直线   B. 半径   C. S 形   D. A、B 和 C

49. 下列加工方法中，适宜于去除沟槽加工时的大面积残料的是（   ）。

    A. 超声加工   B. 研磨加工   C. 刮磨加工   D. 电火花加工

50. 三轴加工叶片的优点是（   ）、走刀路线比较好控制，缺点是单面加工易变形、叶片边缘质量不好。

    A. 表面质量高   B. 编程简单   C. 高切削效率   D. 加工精度高

51. 在自动运行中，可以按下（   ）按钮，一段段地执行程序。

    A. 运行   B. 启动   C. 单段执行   D. 自动

52. 上（下）偏差是最大（小）极限尺寸减其基本（   ）所得的代数差。

    A. 偏差   B. 公差   C. 尺寸   D. 极限

53. 经济效益是企业在经济活动中以较小的（   ）取得较多的成果。

    A. 人力   B. 设备   C. 耗费   D. 投入

54. 在（   ）情况下，采用倾斜垫铁装夹工件来铣削斜面最为合适。

    A. 成批生产   B. 单件生产   C. 首件加工   D. 小批量生产

55. CAXA 制造工程师软件"下刀方式"中的"慢速下刀距离"的速度在"切削用量"中的（   ）一项进行设置。

    A. 切削速度   B. 切入切出速度

    C. 慢速下刀速度   D. 退刀速度

56. 干涉现象在 CAXA 制造工程师软件中要（   ）才能看到。

    A. 通过轨迹重新计算   B. 通过"线框仿真"之后

    C. 通过"实体仿真"之后   D. 通过生成"工艺清单"

57. 公差与配合的选用主要包括基准制、公差等级和配合种类的选用。对基准制主要从结构、工艺条件、（   ）等方面考虑；配合尺寸公差等级则在满足零件使用要求前提下选择较（   ）的；配合种类则要解决结合零件在工作时的相互关系，保证机器工作时各零件的协调达到预定的工作性质。

    A. 经济性 高   B. 经济性 低

    C. 加工性 高   D. 加工性 低

58. 小型液压传动系统中用得最为广泛的泵为（   ）。

    A. 柱塞泵   B. 转子泵   C. 叶片泵   D. 齿轮泵

59. 用于制造刀具、模具和模具的合金钢称为（　　　）。

A. 碳素钢　　　　　B. 合金结构钢　　　C. 合金工具钢　　　D. 特殊性能钢

60. 《公民道德建设纲要》提出在全社会大力倡导（　　　）的基本道德规范。

A. 遵纪守法、诚实守信、团结友善、勤俭自强、敬业奉献

B. 爱国守法、诚实守信、团结友善、勤俭自强、敬业奉献

C. 遵纪守法、明礼诚信、团结友善、勤俭自强、敬业奉献

D. 爱国守法、明礼诚信、团结友善、勤俭自强、敬业奉献

61. 用深孔钻钻削深孔时，为了保持排屑畅通，注入的切削液（　　　）。

A. 应具有一定的压力

B. 应具有很高的压力

C. 不能有压力，只要大流量即可

D. A、B 和 C 都不对

62. 数控系统常用的两种插补功能是（　　　）。

A. 直线插补和圆弧插补　　　　　　　B. 直线插补和抛物线插补

C. 圆弧插补和抛物线插补　　　　　　D. 螺旋线插补和抛物线插补

63. 在电火花穿孔加工中，由于放电间隙存在，工具电极的尺寸应（　　　）被加工孔尺寸。

A. 大于　　　　　　　B. 等于　　　　　　C. 小于　　　　　　D. 不等于

64. 将控制系统中输出信号（如温度、转速）的部分或全部通过一定方式加送到输入端，并与输入信号叠加，从而可改善系统的性能，这一过程称为（　　　）。

A. 检测　　　　　　　B. 反馈　　　　　　C. 控制　　　　　　D. 调整

65. 在固定循环指令格式 G90 G98 G73 X__Y__R__Z__Q__F__：其中 R 表示（　　　）。

A. 安全平面高度　　　B. 每次进刀深度　　C. 孔深　　　　　　D. 孔位置

66. 在运行过程中，机床出现"超程"的异常现象，经分析（　　　）不是引起该故障的原因。

A. 进给运动超过由软件设定的软限位

B. 进给运动超过限位开关设定的硬限位

C. 限位开关机械卡死或线路断路

D. 传动链润滑不良或传动链机械卡死

67. （　　　）可检测表面粗糙度样块是不同材料，通过不同加工方法得到的。

A. 复合法　　　　　　B. 单项法　　　　　C. 综合法　　　　　D. 目测法

68. CAXA 制造工程师软件中关于直纹曲面建模方法描述错误的是（　　　）。

A. 构造直纹曲面的点不能绘制在草图中

B. 构造直纹曲面的曲线必须是平面曲线

C. 在用"曲线和曲面"生成直纹曲面时曲线必须在曲面范围内

D. 构造直纹曲面曲线不能绘制在草图中

69. 数控机床的加工程序由（　　　）、程序内容和程序结束三部分组成。

A. 程序地址　　　　B. 程序代码　　　　C. 程序开始　　　　D. 程序指令

70. 测量大型工作台面的平面度误差时，采用（　　　）法，可得较高测量精度。

A. 标准平面研点　　B. 光成基准　　　　C. 间接测量　　　　D. 直接测量

71. 机床主轴箱的装配图的主视图一般采用（　　　）的特殊画法。

A. 拆卸画法　　　　B. 单独画法　　　　C. 展开画法　　　　D. 夸大画法

72. 国家标准规定，螺纹采用简化画法，外螺纹的小径用（　　　）。

A. 粗实线　　　　　B. 虚线　　　　　　C. 细实线　　　　　D. 点划线

73. 工艺尺寸链用于定位基准与（　　　）不重合时尺寸换算、工序尺寸计算及工序余量解算等。

A. 工序基准　　　　B. 工艺基准　　　　C. 装配基准　　　　D. 设计基准

74. 职业道德建设与企业的竞争力的关系是（　　　）。

A. 互不相关　　　　　　　　　　　　　B. 源泉与动力关系

C. 相辅相成关系　　　　　　　　　　　D. 局部与全局关系

75. 列表曲线及（　　　）的加工程序，手工编程困难或根本不可能，应采用自动编程。

A. 二维曲线　　　　B. 多维曲面　　　　C. 阵列钻孔　　　　D. 镗削螺纹

76. 一般情况下，（　　　）的螺纹孔可在加工中心上完成孔加工，攻螺纹可通过其他手段加工。

A. M16　　　　　　　　　　　　　　　B. M9

C. M6 以上、M15 以下　　　　　　　　D. M6 以下、M20 以上

77. 回零操作就是使运动部件回到（　　　）。

A. 机床坐标系原点　　　　　　　　　　B. 机床的机械零点

C. 工件坐标的原点　　　　　　　　　　D. 零件编程的原点

78. Ti 元素的扩散速度（　　　）。

A. 低于碳、钨、钴　　　　　　　　　　B. 高于碳、钴

C. 与碳、钨、钴一样　　　　　　　　　D. 高于钨、钴

79. Rz 是表示表面粗糙度评定参数中（　　　）的符号。

A. 轮廓最大高度　　　　　　　　　　　B. 微观不平度十点高度

C. 轮廓算术平均偏差　　　　　　　　　D. 轮廓不平行度

80. 镗削大直径深孔时，通常镗削后轴线都有不同程度的偏移，必须采用（　　　）镗削校正。

A. 双刀　　　　　　　　　　　　　　　B. 带前引导的双刀

C. 单刀　　　　　　　　　　　　　　　D. 其他方法

81. 当把导圆柱展开成矩形之后，斜线（螺旋线）与底边的倾角 a 同导程 S 和半径 R 有下面的关系：$tga = S/2\pi R$，这个 a 角就叫作螺旋线的（　　　）。

A. 斜角　　　　　　B. 夹角　　　　　　C. 倾角　　　　　　D. 升角

82. 由于汽轮机汽缸数控加工程序在系统中进行了机床、附件、刀具及工件间的干涉检查计算，从而减少了在机床上调试程序的（　　），提高了加工程序的准确性及可靠性，缩短了辅助加工时间。

A. 数量　　　　　　B. 时间　　　　　　C. 方法　　　　　　D. 精力

83. 当仿真的程序非常大时，（　　）不会加快仿真速度。

A. 把程序分成若干较短的小程序　　　　B. 把仿真速度滑块滑到最右端

C. 关闭动画　　　　　　　　　　　　　D. 缩小视图

84. 同一刚体里的不同点的角加速度大小（　　）。

A. 相同　　　　　　B. 不同　　　　　　C. 不一定　　　　　D. 成比例关系

85. （　　）属于诚实劳动。

A. 出工不出力　　　　　　　　　　　　B. 风险投资

C. 制造假冒伪劣产品　　　　　　　　　D. 盗版

86. 一般情况下，单件小批生产模具零件的工序安排多为（　　）。

A. 工序分散　　　　B. 工序集中　　　　C. 集散兼有　　　　D. 因地制宜

87. 计算机病毒通过非授权入侵可隐藏在（　　）中。

A. 可执行程序　　　　　　　　　　　　B. 可执行程序和数据文件

C. 数据文件　　　　　　　　　　　　　D. 与文件无关的扇区

88. 现实生活中，一些人不断"跳槽"，虽在一定意义上有利于人才流动，但它同时也说明这些从业人员缺乏（　　）。

A. 工作技能　　　　　　　　　　　　　B. 强烈的职业责任感

C. 光明磊落的态度　　　　　　　　　　D. 坚持真理的品质

89. 多轴加工与三轴加工的工艺顺序不同，下列（　　）步骤是多轴加工的特点。

A. 建立工件坐标系—建模—生成轨迹—装夹零件—找正—生成代码—加工

B. 建模—生成轨迹—装夹零件—找正—建立工件坐标系—生成代码—加工

C. 建模—生成轨迹—生成代码—装夹零件—找正—建立工件坐标系—加工

D. 建模—生成轨迹—生成代码—建立工件坐标系—装夹零件—找正—加工

90. T68 镗床主轴机构中钢套与主轴的配合间隙为（　　）。

A. 0.005～0.01 mm　　　　　　　　　B. 0.015～0.02 mm

C. 0.02～0.03 mm　　　　　　　　　　D. 0.05～0.1 mm

91. 主轴回转精度测量方法中，常用的是（　　）。

A. 静态测量　　　　B. 动态测量　　　　C. 间接测量　　　　D. 在线测量

92. 车削多线螺纹使用圆周法分线时，仅与螺纹（　　）有关。

A. 中径　　　　　　B. 螺距　　　　　　C. 导程　　　　　　D. 线数

93. 越靠近传动链（　　）的传动件的传动误差，对加工精度影响越大。

A. 前端　　　　　　B. 中端　　　　　　C. 末端　　　　　　D. 前中端

94. 闭环进给伺服系统与半闭环进给伺服系统的主要区别在于（　　　）。

A. 位置控制器　　　　B. 检测单元　　　　C. 伺服单元　　　　D. 控制对象

95. （　　　）具有丰富的曲面建模工具，包括直纹面、扫描面、通过一组曲线的自由曲面、通过两组类正交曲线的自由曲面、曲线广义扫掠、标准二次曲线方法放样、等半径和变半径倒圆、广义二次曲线倒圆、两张及多张曲面间的光顺桥接、动态拉动调整曲面等。

A. Photoshop　　　　B. Flash　　　　C. UG　　　　D. AutoCAD

96. 文明礼貌是从业人员的基本素质，因为它是（　　　）。

A. 提高员工文化的基础　　　　　　　　B. 塑造企业形象的基础

C. 提高员工素质的基础　　　　　　　　D. 提高产品质量的基础

97. 数控机床伺服系统是以（　　　）为直接控制目标的自动控制系统。

A. 机械运动速度　　B. 机械位移　　　　C. 切削力　　　　D. 切削速度

98. FANUC 系统调用子程序指令为（　　　）。

A. M99　　　　　　B. M06　　　　　　C. M98PXXXXX　　D. M03

99. （　　　）主要是在铸、锻、焊、热处理等加工过程中，由于零件各部分冷却收缩不均匀而引起。

A. 热应力　　　　　B. 塑变应力　　　　C. 组织应力　　　D. 内应力

100. 利用（　　　）消除计算机病毒是目前较为流行的方法，也是比较好的方法，既方便，又安全。

A. 手动方法　　　　B. 离线方法　　　　C. 软件方法　　　D. 硬件方法

101. 油泵输出流量脉动最小的是（　　　）。

A. 齿轮泵　　　　　B. 转子泵　　　　　C. 柱塞泵　　　　D. 螺杆泵

102. 在 CAXA 制造工程师软件中如需延伸曲面本身的 1/2 时，（　　　）最快捷。

A. 运用"长度延伸"方法，计算出原曲面的 1/2 长度后，给定数值

B. 运用"比例延伸"方法，比例系数给定输入为"1/2"

C. 运用"长度延伸"方法，比例系数给定输入为"0.5"

D. 运用"高度延伸"方法，比例系数给定输入为"1/2"

103. 复杂曲面加工过程中往往通过改变（　　　）来避免刀具、工件、夹具和机床间的干涉和优化数控程序。

A. 距离　　　　　　B. 角度　　　　　　C. 矢量　　　　　D. 方向

104. 数控机床每周需要检查保养的内容是（　　　）。

A. 主轴皮带　　　　　　　　　　　　　B. 滚珠丝杠

C. 电器柜过滤网　　　　　　　　　　　D. 冷却油泵过滤器

105. 数控机床切削精度检验（　　　），对机床几何精度和定位精度的一项综合检验。

A. 又称静态精度检验，是在切削加工条件下

B. 又称动态精度检验，是在空载条件下

C. 又称动态精度检验，是在切削加工条件下

D. 又称静态精度检验，是在空载条件下

106. PWM - M 系统是指（   ）。

A. 直流发电机—电动机组

B. 可控硅直流调压电源加直流电动机组

C. 脉冲宽度调制器—直流电动机调速系统

D. 感应电动机变频调速系统

107. 多轴铣削加工相对于三轴加工而言，操作者必须以熟练掌握好（   ）最为重要。

A. 平面三角函数　　　　　　　　　B. 立体解析几何

C. 平面解析几何　　　　　　　　　D. 代数

108. 轴的结构设计时，要考虑轴上零件的合理布置及固定方式、轴承类型及位置。轴上作用力的大小及分布、轴的（   ）等，来合理确定轴的结构，以保证轴上的零件定位准确、固定可靠、装拆方便。

A. 使用性能要求　　　　　　　　　B. 受力形式

C. 配合性质　　　　　　　　　　　D. 加工及装配工艺

109. 松键连接能保证轴与轴上零件有较高的（   ）要求。

A. 同轴度　　　　B. 垂直度　　　　C. 平行度　　　　D. 位置度

110. G65 指令的含义是（   ）指令。

A. 精镗循环　　　　　　　　　　　B. 调用宏

C. 指定工作坐标系　　　　　　　　D. 调用子程序

111. 要将 AutoCAD 的文件读入 CAXA 制造工程师软件里需要用（   ）格式。

A. *. x - b　　　　B. *. dwg　　　　C. *. dxf　　　　D. *. exb

112. 步进电机转速突变时，若没有加速或减速过程，会导致电机（   ）。

A. 发热　　　　B. 不稳定　　　　C. 丢步　　　　D. 失控

113. $Ra6.3\mu m$ 的含义是（   ）。

A. 尺寸精度为 $6.3\mu m$　　　　　　B. 光洁度为 $6.3\mu m$

C. 粗糙度为 $6.3\mu m$　　　　　　　D. 位置精度为 $6.3\mu m$

114. 中华人民共和国国务院令（第 339 号）颁布的（   ），自 2002 年 1 月 1 日起施行。

A.《计算机软件保护条例》　　　　　B.《计算机软件保护法》

C.《计算机软件专利法》　　　　　　D.《计算机软件产权保护条例》

115. 开机后，系统会发出不同的"嘀"的声音来显示是否正常。（   ）声音表示显示器或显示卡错误。

A. 1 短　　　　B. 1 长 1 短　　　　C. 2 短　　　　D. 1 长 2 短

116.（   ）电机内没有换向片，不会出现换向火花，有利于提高电机的运行速度和

转矩，同时其噪音也很小。

 A. 交流伺服   B. 直流伺服   C. 变频   D. 交流

117. 在数控机床使用中，一般变频电机过载保护选择（ ）方式。

 A. 使用系统缺省值   B. 普通电机（带低速补偿）

 C. 变频电机（不带低速补偿）   D. 不动作

118. 在 FANUC 0i 系列数控系统中执行 mm/min 的指令是（ ）。

 A. G94   B. G95   C. G98   D. G99

119. 当今在个人计算机的操作系统最流行的是（ ）。

 A. DOS   B. Microsoft Word C. UNIX   D. Windows

120. 螺旋机构的主要优点不包括（ ）。

 A. 减速比大   B. 力的增益大   C. 效率高   D. 自锁性

121. 在 FANUC 0i 系统中，自变量赋值Ⅱ的地址 I6 所对应的变量是（ ）。

 A. #13   B. #16   C. #19   D. #22

122. 在运算指令中，#i = ABS［#j］代表的意义是（ ）。

 A. 摩擦系数   B. 矩阵   C. 连续   D. 绝对值

123. 西门子系统用于 RS232C 通信的专用传输软件是（ ）。

 A. V24   B. ProComm   C. NCC   D. PCIN

124. 记数变量同时会从初始值到最后值增加数值初始值，必须小于最后值。变量必须属于（ ）类型。

 A. char   B. float   C. signed   D. int

125. IF（表达式）NC 程序段；ELSE NC；程序段（ ）。

 A. ENDLOOP B. ENDIF   C. ENDWHILE D. ENDFOR

126. GSK990M 数控系统准备功能中，从参考点返回的指令是（ ）。

 A. G27   B. G28   C. G29   D. G92

127. 渐开线检查仪按结构特点，可分为单盘式和（ ）两大类。

 A. 双盘式   B. 万能式   C. 滚动式   D. 滑动式

128. G41（ ）表示刀具半径左补偿，补偿值为 3 号刀偏。

 A. L3   B. B3   C. D3   D. S3

129. 装配式复合刀具由于增加了机械连接部位，刀具的（ ）会受到一定程度的影响。

 A. 红硬性   B. 硬度   C. 工艺性   D. 刚性

130. 对于有特殊要求的数控铣床，可以加进一个回转的 A 坐标或 C 坐标，即增加一个数控分度头或数控回转工作台，这时机床的数控系统为（ ）的数控系统。

 A. 二坐标   B. 三坐标   C. 四坐标   D. 两轴半

131. 蜗杆传动，通常蜗轮材料较弱，且轮齿为断续的。蜗杆螺旋是连续的，故失效总是发生在蜗轮上，表现为轮齿疲劳折断、齿面点蚀、齿面胶合及齿面磨粒磨损。闭式圆柱蜗杆传动主要是防止过早发生（　　），开式蜗杆传动主要是防止过早发生弯曲疲劳折断。

A. 齿面点蚀　　　　B. 齿面胶合　　　　C. 轮齿折断　　　　D. 齿面点蚀和胶合

132. 加工直径大于 30 的孔，分 4 个步骤完成，以下（　　）顺序是正确的。

A. 粗镗—半精镗—孔端倒角—精镗

B. 粗镗—孔端倒角—半精镗—精镗

C. 孔端倒角—粗镗—半精镗—精镗

D. A、B 和 C 都不对

133. 在起重工作中，多人操作要有专人指挥，统一信号，交底清楚，严格按（　　）命令或信号工作。

A. 驾驶员　　　　B. 起吊工　　　　C. 总指挥　　　　D. 调度员

134. 互相啮合的齿轮的传动比与（　　）成反比。

A. 齿数　　　　B. 模数　　　　C. 压力角　　　　D. 大径

135. 切削用量中对切削力影响最大的是（　　）。

A. 切削深度　　　　　　　　　　　　B. 进给量

C. 切削速度　　　　　　　　　　　　D. A、B、C 影响相同

136. 液压系统的执行机构部分是液压油缸、液动机等。它们用来带动部件将液体压力能转换为使工件部位运动的（　　）。

A. 机械能　　　　B. 电能　　　　C. 热能　　　　D. 动能

137. 如果设计要求夹具安装在主轴上，那么（　　）。

A. 夹具和主轴一起旋转　　　　　　　B. 夹具独自旋转

C. 夹具做直线进给运动　　　　　　　D. 夹具不动

138. FANUC 0 – TD 系统（　　）可用 G74。

A. 精加工　　　　B. 深孔钻削　　　　C. 切断　　　　D. 径向切槽

139. 按零件加工路线经过的加工车间、工段、工序等列出工序名称，使用的设备及主要的工艺装备和工时定额等而成为（　　）。

A. 工艺卡　　　　B. 工序卡　　　　C. 工艺过程卡　　　　D. 工时卡

140. 在设计和绘制装配图过程中，要考虑装配结构的合理性，以保证机器和部件的性能，并给零件的加工、装拆带来方便。如孔和轴配合且轴肩与孔端面相互接触时应在孔的接触面（　　）或在轴肩根部（　　），当两个零件接触时在同一方向的接触面最好只有一个。

A. 倒角　做出圆角　　　　　　　　　B. 倒角　切槽

C. 倒圆角　做出圆角　　　　　　　　D. 倒圆角　切槽

141. 螺钉夹紧装置，为防止螺钉拧紧时对主件造成压痕，可采用（　　）压块装置。

A. 滚动　　　　B. 滑动　　　　C. 摆动　　　　D. 振动

142. 钻模板在夹具体上安装时，当模板位置装调完毕，其调整好的位置靠（　　）长期保持。

A. 焊接　　　　　　B. 定位销　　　　　　C. 紧固螺钉　　　　D. 定位锁及紧固螺钉

143. 在欧美发达国家，为了充分发挥 NC 设备操作人员的优势，缩短加工时间间隔，（　　）逐渐成为流行的发展趋势。

A. 一体化编程　　　B. 机内编程　　　　C. 直接编程　　　　D. 机侧编程

144.（　　）最容易直接固定虎钳于床台。

A. T 形螺栓　　　　B. C 形夹　　　　　C. 压楔　　　　　　D. 平行夹

145. 调速阀是由（　　）串联起来的。

A. 稳压溢流阀和节流阀　　　　　　　　B. 定差减压阀和节流阀

C. 定值减压阀和节流阀　　　　　　　　D. 顺序阀和节流阀

146. 窄长定位板可限制（　　）。

A. 两个移动、两个转动　　　　　　　　B. 两个移动

C. 两个转动　　　　　　　　　　　　　D. 一个移动、一个转动

147. 规格较大的数控铣床，例如工作台宽度在 500 mm 以上的，其功能已向（　　）靠近，进而演变成柔性加工单元。

A. 柔性制造系统　　　　　　　　　　　B. 计算机集成制造系统

C. 加工中心　　　　　　　　　　　　　D. 计算机集成制造

148. ATC 表示（　　）。

A. 刀具夹紧指示灯　　　　　　　　　　B. 主轴定位指示灯

C. 过行程指示灯　　　　　　　　　　　D. 刀具交换错误指示灯

149. 线切割机床加工模具时，可以加工（　　）。

A. 不通孔　　　　　　　　　　　　　　B. 任意空间曲面

C. 阶梯空　　　　　　　　　　　　　　D. 以直线为母线的曲面

150. 解尺寸键是根据装配精度合理分配（　　）公差的过程。

A. 形成环　　　　　　B. 组成环　　　　C. 封闭环　　　　　D. 结合环

151. 双频激光器能发出一束含有不同频率的左、右圆偏振光，这两部分谱线（f_1、f_2）分布在氖原子谱线中心频率 f_0 的两边，并且对称。这种现象称为（　　）。

A. 多普勒效应　　　　　　　　　　　　B. 光波干涉现象

C. 塞曼效应　　　　　　　　　　　　　D. 光波折射现象

152. 在数控加工中，刀具补偿功能除对刀具半径进行补偿外，在用同一把刀进行粗、精加工时，还可进行加工余量的补偿，设刀具半径为 r，精加工时半径方向余量为 Δ，则量后一次粗加工走刀的半径补偿量为（　　）。

A. r　　　　　　　　B. $r + \Delta$　　　　C. Δ　　　　　D. $2r + \Delta$

153. 箱体零件精镗加工组合机床的动作程序，主要由快速引进、夹紧和松开工件、快进、工进、（　　）等动作组成。

A. 测量　　　　　　　B. 定位　　　　　　C. 清理　　　　　　D. 快退

154. 如个别元件须得到比主系统油压高得多的压力时，可采用（　　）。

A. 调压回路 　　　　B. 减压回路 　　　　C. 增压回路 　　　　D. 多极压力回路

155. 采用直流电磁阀比交流的液压冲击要（　　），或采用带阻尼的电液换向阀可通过调节阻尼以及控制通过先导阀的压力和流量来（　　）主换向阀阀芯的换向（关闭）速度。

A. 小　增大 　　　B. 大　增大 　　　C. 大　减缓 　　　D. 小　减缓

156. 热继电器在电路中具有（　　）保护作用。

A. 过载 　　　　B. 过热 　　　　C. 短路 　　　　D. 失压

157. 目前常用的高速进给系统有（　　）三种主要的驱动方式。

A. 大导程滚珠丝杠、新型直流伺服电机和线性导轨

B. 高速滚珠丝杠、直线电动机和虚拟轴机构

C. 直线导轨、直线电动机和并联轴机构

D. 高速滚珠丝杠、线性导轨和交流伺服电机

158. 车削中心机床至少具备（　　）轴的功能。

A. C 　　　　B. C 和 Y 　　　　C. B 　　　　D. C、Y 和 B

159. 下列加工中心主轴部分剖视图表达正确的是：（　　）。

A. 　　　B. 　　　C. 　　　D.

160. 右图表示的操作方式是（　　）。

A. 手动 　　　　　　　　B. 电磁

C. 液压 　　　　　　　　D. 弹簧

二、判断题（每题 0.5 分，满分 20 分。）

1. CAXA 制造工程师软件文件格式是 mxe。（　　）

2. SIEMENS 系统中变量的表示方法为用 "R" 和紧跟其后的序号来表示。（　　）

3. 根据难加工材料的特点，铣削时一般采取的措施有选择合适的刀具材料、选择合理的铣刀几何参数、采用合适的切削液、选择合理的铣削用量和设计、制造合适的夹具。（　　）

4. 整体叶轮叶型的精加工与清根交线加工同时完成。（　　）

5. PRO/E 模具设计的基本思想是：首先充分运用曲面等工具在模型上分割出需要的模具体积块来生成模具元件（成型零件），再利用特征工具创建或装配模具基础元件（模座零件）。（　　）

6. POS 表示刀具的当前位置。（　　）

7. DNC（Distributed Numerical Control）称为分布式数控，是实现 CAD/CAM 和计算机

辅助生产管理系统集成的纽带，是机械加工自动化的又一种形式。（　　）

8. 在用普通铣床加工型腔时，使用最广的是立式铣床和万能工具铣床，它们对各种模具的型腔，大都可以进行加工。（　　）

9. 若加工中工件用以定位的依据（定位基准），与对加工表面提出要求的依据（工序基准或设计基准）相重合，称为基准重合。（　　）

10. 电气控制电路图中主电路规定画在图的右侧。（　　）

11. IF – ELSE – ENDIF 模块用于二选一：如果表达式值为 TRUE，也就是说条件被满足，这样后面的程序模块被执行。如果条件不满足，ELSE 分支被执行。（　　）

12. 为了便于安装工件，工件以孔定位用的过盈配合心轴的工作部分应带有锥度。（　　）

13. 手动干预和返回是在存储器运行（MEM 方式）时，按下暂停按钮（HOLD）使进给暂停，转为手动方式，手动移动机床后再回到 MEM 方式，按下自动加工启动按钮时，机床可自动返回到原来位置，恢复系统运行。（　　）

14. 程序编制的一般过程是确定工艺路线、计算刀具轨迹的坐标值、编写加工程序、程序输入数控系统、程序检验。（　　）

15. 大多数箱体零件采用整体铸铁件是因为外形尺寸太大。（　　）

16. 铣床床台上的 T 形槽，其用途之一为当基准面。（　　）

17. 直齿三面刃铣刀的刀齿在圆柱面上与铣刀轴线平行，铣刀制造容易，但铣削时振动较大。（　　）

18. 开机时先开显示器后开主机电源，关机时先关显示器电源。（　　）

19. 液压系统某处几个负载并联时，则压力的大小取决于克服负载的各个压力值中的最小值。（　　）

20. 在工件定位过程中应尽量避免超定位，因为超定位可能会导致工件变形，增加加工误差。（　　）

21. CAXA 制造工程师软件中干涉现象对制造工程师刀具轨迹没有任何影响。（　　）

22. 加工螺旋槽铰刀多为左旋，以免正转时产生自动旋进现象，也利于排屑。（　　）

23. 多轴加工的目的是加工复杂型面、提高加工质量、提高工作效率。（　　）

24. CAXA 制造工程师软件中可以用"拉伸增料"的方法来造型实体。（　　）

25. CAXA 制造工程师软件的等高线加工方法可以对零件造型进行稀疏化加工。（　　）

26. HCNC（华中数控系统）中，"G92 X30 Y30 Z20"程序段中的 20 为机床原点相对于工件坐标系原点的位置。（　　）

27. 职业道德的主要内容包括爱岗敬业、诚实守信、办事公道、服务群众、奉献社会。（　　）

28. 箱体零件精镗孔时，工件装入夹具，动力头先快速引进到位后，再夹紧工件，然后由夹紧系统的压力继电器发出指令给各动力头，进行精镗加工。（　　）

29. 牵连运动是动坐标系对静坐标系的运动。（　　）

30. 数控机床的进给路线不但是作为编程轨迹计算的依据，而且会影响工件的加工精度和表面粗糙度。（　）

31. 压缩工具（如 WinZip）是将文件数据重新进行一种编码排列（该过程称为压缩），使之更少地占用磁盘空间。（　）

32. CAXA 制造工程师软件"实体仿真"中，干涉检查里设置的刀具长度与实际刀具长度不一致，会直接影响实际加工结果。（　）

33. 文明职工是努力学习科学技术知识，在业务上精益求精的。（　）

34. 在运算指令中，#i = #j 代表的意义是倒数。（　）

35. 用户/编程人员（使用者）可以在程序中定义自己的不同数据类型的变量（LUD = Local User Data 局部用户数据），这些变量只在定义它们的程序中出现。（　）

36. 变频器三相交流 380V 输入端子 R、S、T 允许接反，不影响电机正反转正常工作。（　）

37. GSK990M 数控系统空运行时的运行速度为程序中 F 地址指定的速度。（　）

38. 顺序阀是用来控制液压系统中各控制元件的先后顺序的。（　）

39. 螺旋机构导程角大于当量摩擦角时，它也可以用于将直线运动转化为螺旋运动。（　）

40. 在切削铸铁等脆性材料时，切削层首先产生塑性变形，然后产生崩裂的不规则粒状切屑，称为崩碎切屑。（　）

参考答案

一、单选题（每题 0.5 分，满分 80 分。）

1. C	2. A	3. A	4. D	5. B	6. C	7. A	8. C	9. D	10. B
11. A	12. C	13. B	14. D	15. A	16. B	17. C	18. C	19. C	20. A
21. A	22. A	23. B	24. C	25. C	26. C	27. B	28. C	29. D	30. C
31. A	32. C	33. B	34. B	35. C	36. A	37. B	38. B	39. A	40. C
41. C	42. A	43. C	44. C	45. A	46. C	47. B	48. C	49. D	50. B
51. C	52. C	53. C	54. A	55. C	56. C	57. A	58. D	59. C	60. D
61. A	62. A	63. C	64. B	65. A	66. D	67. D	68. B	69. C	70. C
71. C	72. C	73. D	74. B	75. B	76. D	77. B	78. A	79. B	80. A
81. D	82. B	83. A	84. A	85. B	86. B	87. A	88. B	89. C	90. B
91. A	92. D	93. C	94. B	95. C	96. C	97. B	98. C	99. A	100. C

101. D   102. C   103. B   104. C   105. C   106. C   107. B   108. D   109. A   110. B

111. C   112. C   113. C   114. A   115. D   116. A   117. C   118. A   119. D   120. C

121. C   122. D   123. D   124. D   125. B   126. C   127. B   128. C   129. D   130. C

131. D   132. A   133. C   134. A   135. A   136. A   137. A   138. B   139. C   140. B

141. C   142. D   143. D   144. A   145. B   146. D   147. C   148. D   149. D   150. C

151. C   152. B   153. A   154. C   155. D   156. A   157. B   158. A   159. B   160. C

二、判断题（每题 0.5 分，满分 20 分。）

1. √   2. √   3. √   4. √   5. √   6. √   7. √   8. √   9. √   10. ×

11. √   12. ×   13. √   14. √   15. ×   16. √   17. √   18. ×   19. √   20. √

21. ×   22. √   23. √   24. √   25. √   26. ×   27. √   28. ×   29. √   30. √

31. √   32. ×   33. √   34. ×   35. √   36. √   37. ×   38. ×   39. √   40. √

铣镗类加工中心常用刀具

分类	名称	图例	使用场合及说明
通用立铣刀	二刃立铣刀		切入铣　沟槽铣
	三刃立铣刀		沟槽铣　侧面铣　周边铣
	四刃立铣刀		切入铣　沟槽铣　侧面铣　周边铣
	精加工立铣刀（4~8刃）		切入铣　沟槽铣　侧面铣　周边铣
	粗加工立铣刀		侧面铣　周边铣
	圆角立铣刀（2刃，4刃）		切入铣　沟槽铣
球头立铣刀	整体式球头立铣刀（2刃）		R加工　曲面铣
	可换刀片球头立铣刀（2刃）		R加工　曲面铣